U0283927

室内设计 实用配色全书

东贩编辑部　编著

江苏凤凰科学技术出版社

目录

第一章 ｜ 基础 BASIC ｜

认识色彩

第二章 | 空间 SPACE |

色彩应用

附录

设计师名录

第一章　基础 BASIC ⋯⋯⋯⋯⋯

认识色彩

色彩隐藏的真意，
配色从认识颜色开始

从婴儿期开始，人们就本能地通过身体各个感觉器官来认识世界，通过眼、耳、鼻、舌、身来跟外界做联结与沟通，其中眼睛是感知事物最直接的器官。研究结果显示，80% 的外界讯息会经由视觉神经传导至大脑，这正说明视觉感知的重要性。而当我们进一步分析，发现视觉影像主要是由色彩与形体所构成，其中色彩传送速度较形体更快，带来的冲击与影响也更大，让生活与色彩紧密结合。

光线是色彩存在的必要因素，由于不同的偏折，显示出七彩光，有了光线视觉才得以辨识出各种颜色、大小、明暗和形状。

● 空间设计暨图片提供 | 寓子空间设计

认识颜色

光是色彩背后的灵魂

众所皆知，眼睛之所以能看到物体的色彩，主要是因为物体对光源的反射或吸收，进而让物体展现出不同的颜色，少了光，物体也失去了缤纷的光彩。因此，光与颜色称得上是一体二面，在我们讨论色彩对于空间改变的同时，也不能忽略环境光对于颜色的影响，尤其空间中的色彩表现更是离不开光。如果单纯探讨色彩，色彩本身可区分为无彩色与有彩色两大类。无彩色主要指黑色、灰色、白色之间的灰阶变化，只有明度变化而无色相与彩度；有彩色则泛指一般的颜色，被称之为红色、橙色、黄色、绿色、蓝色、紫色，如彩虹般的色相，可再搭配高低明度与不同彩度的交叉变化，调出不可计数的多彩世界。

红、黄、蓝三原色，为色彩之母

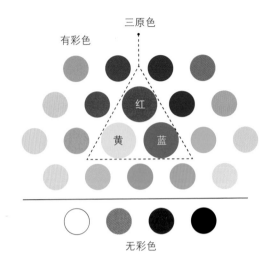

说到颜色，首先就要认识被称为色彩三原色的红、黄、蓝三色，所有色彩都是由这三种原色相调和而成，这是源自瑞士设计师约翰·伊登所提出的理论，其所提出的伊登色相环便可证明此理论。

以伊登色相环来看，将色相环的等边三角形中的红、黄、蓝三原色视为第一次色；接着将三原色中相邻的两个颜色等量相加调配可产生橙色、绿色、紫色三色，此为第二次色；最后，将第一次色与第二次色中相邻的颜色再度以等量互调，可调出此相邻两色的中间色，也就是第三次色，例如黄色与绿色可得黄绿色，蓝色与紫色则为蓝紫色，如此便有十二色，也就形成了伊登色相环。

不同色彩群组，配搭丰富表情

仔细观察色相环，相对180°的两个颜色称之为互补色，而位于邻近区域的颜色由于颜色相近称为邻近色，另外当单一颜色只根据明度做出变化，而衍生出各种色彩，这些延伸出的颜色被归为同色系。在进行色彩搭配时，只要了解了这三种色彩群组的特质，就可使色彩应用更为丰富、多变。

邻近色： 在色相环中指定一色相为主要色彩，而其左右两边的邻近色彩均可称之为此色彩的邻近色。例如：黄色两侧的黄橘色与黄绿色就属于邻近色。邻近色配色效果除和谐外，色彩的变化较同色系稍丰富些。

互补色： 在色相环中的某一色相，其对向最远端的色彩就是其互补色。例如，红色的互补色为绿色，而紫色的互补色则为黄色。互补色配色可创造活泼、鲜明的视觉效果，展现较大的画面张力。

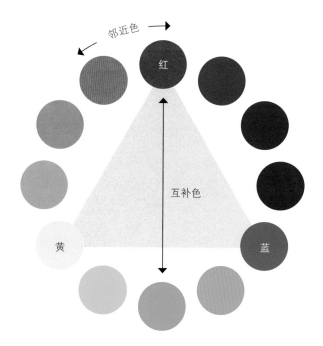

同色系： 同一个色相随着明度的变化，或是彩度的不同，就可产生不同的色彩，这些色彩均属同一色系。同色系的色彩搭配法很常见，可展现色彩协调性，也被认为是最安全的配色法。

透析颜色属性：色相、明度、彩度

了解了颜色如何通过互相叠加而成为目前所知的各种颜色之后，接下来则要进一步了解色彩的属性，并学会利用明度、彩度来扩增色彩广度，以便可以更加灵活地使用色彩。

色相： 简单说就是色彩的名称，也可以解释为色彩相貌。例如红色、橙色、黄色、绿色、蓝色、紫色六大基本色相，以及黑色、灰色、白色等均为色相名。

● 色相

明度： 亦可称之为亮度，是指色彩的明暗或深浅程度。以无色彩来说，白色明度最高，黑色明度则最低，而中间灰阶部分则是以加入的黑色成分的多寡来改变明度，黑色递增时明度递减，也就是颜色愈深明度愈低。在有色彩部分，同样是以一个色彩混入白色可提高明度，混入黑色则降低明度。但是不同色彩本身也有明度差异，在光谱色中黄色明度最高，紫色明度则最低。

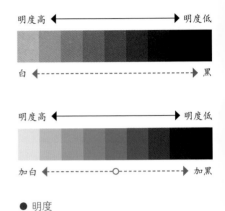

● 明度

彩度： 是色彩纯度的表示，换言之，就是色彩的鲜艳程度，鲜艳度（纯度）愈高则颜色的彩度愈高，反之，在一种纯色中加入白色、灰色或黑色则会降低色彩纯度，其彩度也就降低。与明度不同的是，色彩中无论加入白色或黑色同样都会让彩度降低。

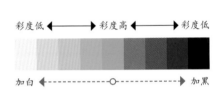

● 彩度

色彩心理学

色彩遇见人，激荡出更多的温度与表情

色彩本身并无情绪，但是，当色彩与人相遇则会产生"化学反应"。人们除了运用色彩来进行创作、设计、美化生活外，色彩其实还具有鼓舞或安抚情绪的作用，同时还会因每个人的生活经历、性别、年龄、职业、种族文化的不同，对于色彩的偏好与情感寄托也会有所差异，这就形成了色彩心理学。

● 空间设计暨图片提供 | 寓子空间设计

● 空间设计暨图片提供 | 分寸设计 CMYK-studio、实适空间设计

> 将冷暖色应用在空间里，可渲染出空间的冷暖印象，进而影响居住者的心理感受。

暖色系与冷色系

　　色彩之所以能产生冰冷或温暖的感觉，主要原因可分为先天与后天两部分。色彩因本身波长不一样，长波长的色彩容易让人感觉温暖，被称之为暖色系，如黄色、橘色、红色；短波长的色彩则给人寒冷的感觉，如绿色、蓝色、紫色被称为是冷色系。另一方面，对于色彩的冷暖感知还会受到后天个人经验的影响。由于我们在生活中见到的火焰为红色、灯光为黄色、冰原为蓝色、森林为绿色，这些自然万物带来的生活经验，会让人产生既定印象，因此当见到红色，人们心中会联想到火焰，会直觉地感受到色彩的冷暖。

　　基于以上理论，当颜色被运用在空间时，冷暖色系同时也具备了改变空间温度与空间印象的能力，暖色系理所当然地给人较为温暖、热情的情绪感受，冷色系则让人对空间产生冰冷、理性的印象。若能针对空间的功能、属性选择相应的色彩，空间氛围会更加符合人们的意愿。不过色彩搭配运用也并非绝对，只要懂得利用周边色彩加以搭配，或利用明暗微调，改变颜色的原始印象，就能为居家空间创造出更多有趣的色彩玩法与变化。

前进色与后退色

　　同样距离放上不同色彩，有些色彩会特别鲜明，感觉距离较近，有些色彩则感觉模糊，会有后退的感觉。这种因色彩造成远近感差异的现象，被分析归类为前进色与后退色。由于两种颜色特性各自不同，因而会产生不同的心理感受，当对居家空间进行色彩计划时，建议可将此色彩原理纳入参考，以便能更加精准地塑造出理想中的空间氛围。

　　前进色：泛指暖色系或明度高、彩度高的色彩，前进色一般给人鲜明的感受，且会让视觉产生拉近距离的逼近感，这类色彩多给人欢愉、温馨、富足或热烈的感受，常见于生气勃勃、希望能鼓舞人心的场合，也被称为积极色彩，如红色、橙色、黄色或是白色。这类色系在空间的运用要特别注意比例上的分配，因为使用过多反而容易让人情绪过于亢奋，无法在空间中久待。

　　后退色：冷色系及明度低、彩度低的色彩称之为后退色，后退色给人的视觉印象不强烈，较不会有逼近感或压迫感，甚至有退缩感。此类色彩具有沉淀心神、稳定情绪的效果，给人冷静、和平、安详的感受，例如蓝色、灰色、黑色等，是所谓的消极色彩，然而适度利用后退色，其实能营造出空间放大的效果，改变多数人对放大空间只能用浅色系的既定印象。

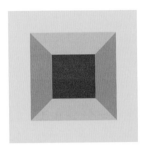

● 前进色
暖色系或明度高、彩度高的色彩，可让视觉产生拉近距离的逼近感。

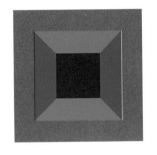

● 后退色
冷色系及明度低、彩度低的色彩，较不会有逼近或压迫感。

● 空间设计暨图片提供 | 寓子空间设计

● 空间设计暨图片提供 | 曾建豪建筑师事务所（PARTIDESIGN & CHT ARCHTECT）

当给空间加入色彩，除了赋予丰富的视觉效果，同时借颜色的明度、彩度变化，亦能改变空间印象与氛围。

色彩空间学

善用色彩，塑造更好生活环境

　　色彩，是空间规划中重要的一环。在选择空间色彩时，首先会考量使用者的色彩偏好，并以此凸显个人的风格品位。不过，除去个人因素，对空间设计来说，通过色彩运用可创造不同的生活氛围，甚至改变空间明亮度，或是化解空间先天缺陷，因此，色彩也被称为空间的化妆师。

空间氛围

　　除了墙面之外，建材、家具、家饰都是可创造空间色彩的重要因素。色彩可以借任何物件的点、线、面各种不同形式来改变氛围或修饰空间。从最广为应用的墙面来看，墙色对于整体氛围的营造具有决定性影响。例如，大地色调的墙面给人自然、放松的感受，浅蓝色调带来和平、自由的空间感，浅绿色调则洋溢清新、活力的气息，小女孩房间常用粉红色调给人甜美温馨的感受。如果想要个性强烈的空间风格，不妨选择纯色，如红色、蓝色等空间都让人印象深刻。

空间大小

色彩因波长不同可分为前进色与后退色，过去多有浅色系才能放大空间的观念，殊不知若能将这项色彩特质适当地应用在空间中，便更能灵活地运用色彩，让人对空间产生错觉，进而调节空间的大小感受。

随着城市生活的空间愈来愈小，每个人都希望可以更有效地利用空间，争取更宽敞的空间感，此时不妨选择低彩度、低明度的冷色系来装饰墙面，利用灰白色、浅蓝色、浅紫色等色彩，化解小空间容易给人的狭隘感、拥挤感，同时也具有降温效果。

相反，如果空间太过空洞，则可挑选暖色系、彩度与明度均较高的色调，如橙色、黄色之类的色彩，让冰冷的空间增温，画面也会显得丰富些，进而达到调整空间大小的效果。此外，想要空间看起来大一些，天花板可以选用浅白色调，利用浅色的轻盈特质，达到延伸空间的效果，或者搭配灯光设计，利用白色反射光线原理，让放大的效果更为显著。

天花板刻意采用深浅两色，借由对比色凸显天花的白，放大延伸空间效果，同时还有隐性界定空间功能。

● 空间设计暨图片提供 | 一它设计 i.T Design

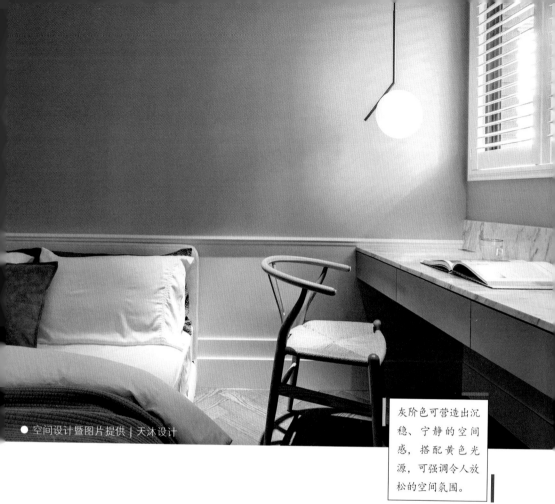

● 空间设计暨图片提供 | 天沐设计

灰阶色可营造出沉稳、宁静的空间感，搭配黄色光源，可强调令人放松的空间氛围。

空间明暗

　　如何运用色彩来改善空间的明暗度呢？色彩明度是决定空间明暗度的关键，也就是当你选定色彩后，在里面加入更多白色，可提高色彩的明度让色彩更加明亮。明亮色调可营造明快、活泼的空间感，也能为光线不足的空间带来明亮感。如果材质表面具有光泽，借投射效果可让空间明亮效果加倍，相反，若是雾面材质则会降低明亮度，但空间也会感觉比较柔和。反之，在色彩中加入愈多黑色则会让色彩看起来愈暗沉，这类较为深沉的色彩具有吸光的特质，在过亮的空间里，可有效调节光线，并可营造出较为安定、神秘的空间感。

　　当色彩被应用在空间里，虽然会受限于空间条件，但也让色彩的运用碰撞出更多的可能性，且更能凸显出个人特色与独特的居家空间，所以别再害怕用色，永远局限在黑灰白，只要了解了色彩的属性与原理，相信每个人都能找出最适合自己的完美配色。

要点
POINT

02 用颜色营造氛围，
把空间变成家

色彩，不只能装点空间，也能影响人的情绪。高明度、高彩度的色系亮眼缤纷，如明亮的红色和黄色，能让人联想到太阳，能给人注入充沛活力，令人心情愉悦；而蓝色、绿色则为天空、海水和绿色植物的象征，散发宁静、清新的气息。因此通过色彩能随心营造不同氛围，在居家中呈现多种的视觉变化。

● 空间设计暨图片提供│谧空间研究室

● 空间设计暨图片提供│水相设计

氛围 1 热情温暖

想营造热情温暖的居家氛围，自然会联想到红色和黄色。红色和黄色属于三原色，也是暖色系的一员。红色有着高度的情绪感染力，能为居家带来活力；黄色明度高，是象征阳光的色彩，自然能散发温暖且有自信的气息。

使用红、黄两色时，建议一个空间选用一色，或者选择一面主墙来涂刷红色或黄色，其余三面墙则做留白，如此一来不只能强调视觉效果，也可避免被过于澎湃的色彩围绕，产生疲惫感。尤其在客厅或餐厅这类长时间停留的区域，若处于亢奋情境过久，不只会感到疲惫，也无法得到应有的休息与放松。若属意暖色系，建议加入黑色降低色彩明度，如此就能兼顾心理与生理的舒适度。此外，若担心红色、黄色过于大胆，搭配有一定难度，不妨降低彩度，改为使用粉红色、嫩黄色，因为当色彩变得柔和，也能使情绪变得平和。想营造温暖氛围，除了直觉式的红色、黄色，橘色也是不错的选择，因为橘色有着充沛能量的色彩意义，能让人感到亲切和暖意。

配色技巧

1 选用一面主墙凸显暖色调

红色和黄色皆属高明度与高彩度颜色，大面积涂刷在墙面会更加强调前进色效果，并引发热情和希望感受。但如果长时间处于高彩度空间，容易产生焦虑、浮躁情绪，所以建议选择其中一面主墙涂刷，适度留出余白空间，反而能凝聚视觉焦点，凸显主墙特色，也能稳定空间避免情绪过于浮动。

明亮饱和的黄能为空间注入活力，通过木质天花和大地色砖墙的沉稳特质，沉淀空间氛围，缓和明黄色彩度。

● 空间设计暨图片提供 | 采荷设计

2 以紫色、橘色相近色营造温暖氛围

若不敢使用正红色或黄色，建议可从两者的邻近色里面选用比较相近的紫色或橘色。紫色是由红色与蓝色两种颜色混合而成，同时带有红色的温暖与蓝色的理性，且有稳定情绪的效果，而且相对于红、黄两色，色调较为柔和，不太会过度刺激视觉。

● 空间设计暨图片提供 | 采荷设计

床头主墙选用紫色作为主视觉，搭配宁静的淡蓝色沉淀空间，同时降低明度，让粉嫩色系更添梦幻气息。

粉橘色为空间主视觉，大面积铺陈让整体更明亮。楼梯墙面以白色做跳色，凸显视觉层次。搭配粉橘色茶几和复古砖，与墙面相近的配色，可有效延伸空间视觉。

● 空间设计暨图片提供｜采荷设计

3 | 运用红色砖材铺陈强化视觉

除了通过给墙面涂刷漆料来增加色彩，其实通过材质原始的颜色亦能与漆色相互搭配。其中乡村风空间经常运用陶砖、复古砖，砖材的原始色泽多为偏红色系，运用在地板上，可通过暖红色提升空间温度，仿旧表面处理则能降低红色对视觉的刺激，为空间奠定温暖基础，与红色或黄色墙面搭配时，更是强化氛围的最佳配角。

空间示范

缤纷直线组合呈现经典创意

　　碧波荡漾的风光成为水岸住宅的视角景致，半弧环绕式开窗，迎来水波汇流进生活的涟漪，空间设计、色彩配置计划依循此轴心发散，将各时段的波光闪动化作缤纷多彩的色调。卧室墙体便以此映照出蓝色、橘色、黄色等色系，以直线排列成仿若保罗·史密斯（Paul Smith）的经典组合，一如品牌的幽默创意。

● 空间设计暨图片提供 | 水相设计

● 空间设计暨图片提供 | 采荷设计

墙面和家具用色，延展低调暖意

　　客厅主墙局部点缀杏桃色，搭配同色布质茶几，让空间视觉得以延展；而杏桃色的粉嫩质感，低调呈现温润暖意。搭配带点神秘梦幻的紫色抱枕和单椅，相似色的设计使空间用色不混杂。

鲜黄色辅以暖红色，高饱和配色点亮空间

餐厅大面积铺陈鲜黄色，搭配涂布红棕色的轻食吧台，让鲜艳的红黄两色成为空间的焦点。而吧台玻璃特地采用透光的缤纷布料点缀，注入奔放活力的气息。搭配粉色柜体和嫩紫色吊灯，在热情的氛围下多了些柔和的气息。

● 空间设计暨图片提供 | 采荷设计

红墙与壁纸相映，借暖色烘托热闹气氛，提升华丽感

以砖红色背墙吸引目光；但在主墙以砖纹壁纸贴出仿壁炉烟囱造型，最后结合灰色背景，回应轻法式风格的华丽感。暖色墙虽然在视觉上会产生膨胀感，但因有大面采光，且书房隔墙又是清玻璃，加上开放式厨房也以类水泥感的浅灰柜体铺陈，通过光线、材质与色彩三者的相互协调，消除空间的紧促感。

● 空间设计暨图片提供 | 寓子空间设计

● 空间设计暨图片提供│实适空间设计

氛围 2　沉稳宁静

　　家是心灵的避风港，想打造出宁静舒适的居家环境，只要在空间里善用色彩属性，便能完成空间氛围的营造。想营造沉稳的空间感，最好减少使用明度、彩度过高的颜色，或是在纯色中加入少量的灰色，当彩度被灰色淡化后，便能呈现出更具稳重感的灰阶色调，像铁灰色、蓝灰色、灰绿色等。若不介意使用深色，深色系是能为空间带来沉稳感受的色系之一，尤其会让人感觉冷冰冰的蓝色、灰色等深冷色系，其具备的理性特质，能为空间注入冷静气质，有效缓和、稳定情绪。

　　降低饱和度而产生的浊色，大面积使用虽可带来平静和缓的情绪感受，但比例若拿捏不恰当，容易让人感到阴郁，建议适当地加入白色、浅米黄色等高明度色彩做搭配，不只提升明亮度也有转移情绪的作用。明度与彩度会因加入的灰色、黑色比例不同，呈现不同的效果，彩度、明度低的颜色，可使人产生情绪平和的感受，彩度和明度高，则使人产生愉悦、活泼的心理反应。

配色技巧

1 │ 温和的米色系注入大地暖度

运用象征大地土壤的米色做大面积铺陈，以淡雅色系让空间变得温暖、无压力，同时可以安定情绪，此时以同为自然元素的温润木素材做点缀，其中与浅木色搭配会使空间散发出宁静中带点明快的活跃气息，深木色则会拉低整体空间的明亮感，营造出更为平和的沉稳氛围。

床头墙面以米黄色硅藻土与木质背板铺陈，相似色延续让色彩变得柔和。搭配紫色窗帘，让卧室氛围更为宁静自然。

● 空间设计暨图片提供 │ 穆丰空间设计

客厅主墙运用杏粉色及大面积石材铺陈，同时营造清新氛围与沉静特质，相似色系的复古砖则让视觉从墙面延伸至地板。

2 │ 点缀带灰的嫩粉色系，增添宁静氛围

除了原本就能轻易为空间带来稳重效果的深蓝色、深灰色等深色系外，其实高明度色系同样也能为空间带来宁静氛围。例如加入少量灰色的粉红、粉绿色系，在维持彩度的同时，稍降明度，并辅以灰色或深木色做搭配，就能减少浅色系给人的浮躁感，让空间变得更稳重。

● 空间设计暨图片提供 │ 采荷设计

● 空间设计暨图片提供 | 合砌设计

> 主墙选用深灰色，餐厨区柜体也采用相同色系，可有效延展视觉空间。搭配蓝色系沙发，冷色调营造寂静、沉稳的氛围。

3 | 降低彩度、明度稳定情绪

　　每种色系原本就分属不同属性，若想让空间更沉稳，最好避免使用会调动情绪的红、黄色系，无彩度的灰色是可安定空间情绪的最佳色系，至于低明度的配色，可有效稳定空间重心，与黑色互搭可使空间散发出宁静不躁动的气息。

空间示范

以深色调架构宁静日式空间

　　日式空间多有理性且让人感到宁静的氛围，想营造出这样的空间氛围，设计师采用深色系的藏青蓝来表现。利用深色系具备沉淀情绪的特质，营造出空间的沉静感，接着再以日式空间常见的木素材做搭配，软化冷色调的冷硬感，达成视觉与触觉皆舒适的目的。

● 空间设计暨图片提供 | 璞沃空间

● 空间设计暨图片提供 | 寓子空间设计

重色卧室以白色截断压迫感，调和沉重氛围

　　主卧延续公共区黑色、蓝色、棕色块元素，以重色来创造个性感。将蓝色替换成绿色及蓝绿色，通过降低明度的手法，与床头的深灰色一起营造沉静的空间感。通往楼上更衣间的扶手以白色切分画面，可减少连续性重色带来的压迫感。扶手上的勾缝也让视觉更为生动。

善用配色比例，
营造清爽又沉稳的空间感

　　原本希望以全室的白色来凸显空间绝佳的采光条件，然而过多的白色容易使空间缺乏温度，也少了稳重感，因此在其中一面墙上刷中性色。暗色墙面与空间里的白色相比，虽只约占15%，却已能有效达到稳定空间的目的，并定下空间的稳重基调。

● 空间设计暨图片提供 | 璞沃空间

沉稳用色营造舒眠空间

　　为了放大格局微调后变得狭小的主卧，选择以玻璃作为更衣间隔墙。玻璃具有穿透特性，可延伸视线，营造开阔的空间感。主墙颜色延续公共区的灰阶色系，增添卧室空间的沉稳感，有利于沉淀心情，在沉稳的氛围下获得一夜好眠。

● 空间设计暨图片提供 | 知域设计 NorWe

● 空间设计暨图片提供 | 寓子空间设计

蓝色为主、灰色为副，共构个性与舒适感

入门视线会落在书房背墙上，于是利用能增加景深的灰蓝色作为空间焦点，搭配清玻隔屏划出分界，保持视线通透。与卧室有互动关系的格子窗则有助强化造型和采光，使开门第一印象更具特色。刻意将电视墙漆成灰色，并结合有间照的缝距设计延伸向上感。两侧立面则以灰玻滑轨门及浅灰色柜体增加协调性，也通过不同深浅的灰色来烘托主色，让色彩丰富却不凌乱。

结合光线凸显色彩本质

楼梯转角墙面，跳脱浅色使用藏青色制造跳色效果，除了可带来视觉惊喜外，情绪也得以做短暂转换。由于位于临窗位置，不需担心深色会使空间阴暗，相反，当光线投射在墙面上，更能强调深色系的沉稳特质，让过渡空间成为可放松身心的静谧角落。

● 空间设计暨图片提供 | 璞沃空间

● 空间设计暨图片提供 | 寓子空间设计

氛围 3 疗愈清新

具生命力意象的色彩，最能为空间注入清新自然的气息，使其具有疗愈感，因此可直接与自然融入的大地色，或展现盎然生机的绿色，都是营造此种氛围的常见用色。这些色彩运用于空间时，非纯绿色的草绿色最受欢迎，降低彩度的草绿色，相较于纯绿色更具舒缓、排除压力的效果，同时也适用于各年龄段，且不论是主卧或儿童房都适用。此外，稍微拉高明度的黄绿色，也是常见用色，除了色彩本色散发出的清新能量，也能带出鲜黄的活力色调。

清新感最容易与明亮感产生关联，因此明度高的粉嫩色系，是很适合用来营造清新氛围的颜色，如马卡龙鲜嫩色调的粉黄色、粉蓝色和杏桃色，能营造梦幻般的情境，进而达到疗愈心理的目的。另外极浅趋近于白色的裸色、粉白色等颜色，也有助于营造清新感，是不想空间过白，又不想使用过多颜色时的选择。搭配时，粉色系与白色是制造清爽视觉的经典配色，而一般对比色搭配容易产生强烈的视觉效果，但以明度高的粉嫩色做搭配，则可淡化对比色的尖锐感，实现聚焦目的。

配色技巧

1 ｜ 草木绿赋予空间清新能量，使空间生机盎然

草绿色、黄绿色向来是大自然中草木新生的色系，能安抚情绪，带来疗愈生机。由于其具有高度包容性，所以能与各种色系搭配，并达到视觉上的平衡与和谐，其中若与黄色相衬，可在清新中注入活力；若与大地色搭配，则能展现温暖质感，达到稳定空间的目的。

绿色涂刷在侧墙，以白墙辅助集中视觉，并与木元素搭配，形成视觉重点，宛如森林的配色情境，极具疗愈效果。

● 空间设计暨图片提供 ｜ 寓子空间设计

2 ｜ 高明度嫩彩为空间注入活力

想让空间感觉清新，使用接受度高，且明度高的粉彩色系是不错的选择，例如：米黄色、嫩红色、粉绿色，既能避开纯色的刺激，同时又能利用这类色系本身具备的轻透质感，为空间注入清爽氛围，心理上也很容易产生愉悦感。

粉黄色作为背墙，同时运用橄榄绿家具和深色木柜。上轻下深的配色比重，可奠定视觉重心向下的空间基础。

● 空间设计暨图片提供 ｜ 采荷设计

● 空间设计暨图片提供 | 穆丰空间设计

从主墙、地毯到抱枕皆以蓝色为主色，统一空间视觉，同时搭配灰粉色窗帘，营造清新效果。两色采用相似的饱和度搭配，让视觉效果更为和谐一致。

3 | 宁静蓝粉配色，沉淀空间情绪

冷色系在属性上多属理性色，其中蓝色更具有沉静效果，通过大面积铺陈能有效沉淀空间，平抚躁动的情绪，若想更强调疗愈感，可选用明度较高的天空蓝。配色上除了与白色相搭，也可与带点灰的粉红色和粉蓝色做搭配，降低鲜艳程度，营造较为轻盈的宁静氛围。

空间示范

宛若置身森林的清新绿意 ⋯⋯⋯⋯

　　为了让新旧可以自然融合，在进行空间色彩配置时，便从屋主保留下来的旧家具入手做色彩延伸，因此选择了以绿色铺陈主墙。除了呼应木素材自然元素的目的外，也可营造宛若置身森林的清新疗愈氛围，选色时刻意选用加了少量灰的绿色，可降低绿色明亮度，也有助于增添空间的稳重感。

● 空间设计暨图片提供 | 知域设计 NorWe

● 空间设计暨图片提供 | 京彩室内设计

温润木质点出清新基调

　　屋主喜欢木素材的温润质感，于是在更衣室墙面以木素材做铺陈，木质元素与大面积的白，相互衬托强调空间清新的氛围。使用深灰色作为主卧主墙颜色，涂刷面积与床同宽，两侧仍保留白色元素，如此便能在维持空间清爽氛围的前提下，同时赋予空间视觉重点。

大地色系释放正面、疗愈能量

经典美式风格空间的元素丰富，线条也较为繁复，但屋主喜欢利落的空间感，因此截取部分风格元素，将美式风格大量简化，并采用属大地色系的绿米色墙来稳定空间重心，同时又能保留浅色空间的清新、疗愈氛围，最后再以色彩鲜艳的地毯、抱枕做点缀，提升空间层次与视觉变化。

● 空间设计暨图片提供 | 京彩室内设计

● 空间设计暨图片提供 | 知域设计 NorWe

清浅裸色营造清新空间感

不希望过多留白，又想维持纯白空间特有的清新利落，因此舍弃一般的常用色彩，选择使用接近于白色的裸色做墙色。虽说视觉差异性不大，但带有透明感的裸色，却能有效减缓全白空间带来的视觉刺激，并与保留下来的白色产生微妙的视觉变化。

渐层嫩黄，展现中性氛围

通过色彩，展现居住者的个性是相当常见的手法。而此空间正好为一男一女的小孩居住，因此运用嫩黄的色彩，不偏重任一性别，展现中性的氛围。并在墙面采用渐层技巧，从黄色延展到白色，逐渐提升色彩的明亮度，同时搭配浅绿和浅粉色床具，为空间注入清新自然的气息。

● 空间设计暨图片提供 | 穆丰空间设计

简约用色营造清爽舒适的睡眠空间

不同于一般儿童房的多彩用色，屋主希望可以极简用色，打造简约的儿童房。为满足这样的需求，在以白色为主的空间里，仅用一面浅蓝色墙面作为空间视觉重点，并将蓝色调延续，在柜子底板使用略重几个色阶的蓝色做点缀，以达到活泼视觉效果的目的。

● 空间设计暨图片提供 | 京彩室内设计

● 空间设计暨图片提供｜Z轴空间设计

氛围 4 极简高冷

　　现代主义当道的空间设计，仅通过空间线条、家具以及色彩的运用，便可形成一种没有多加缀饰，甚至大量留白的极简空间风格。在色彩运用上，除了现代风中最常见的经典黑白配，明度低、不带有情绪的色彩更能传达极简空间的沉静质感。想营造极简风格，一般建议用色数量限制在2～3色，避免过多色彩混杂干扰视觉。

　　其中黑白经典配色，因黑色明度最低，白色明度最高，两色皆属无彩色，可形成强烈视觉对比，尤其在强调极简高冷的空间中，无彩度配色更能营造寂静、严肃的氛围。想强化清冷的视觉效果，不妨拉高白色用色比例，提高至整体空间的80%～90%。轻透的白色能让空间更轻快明亮，再少量点缀黑色或铺设木质地板，则能增添温润暖度，同时稳定空间重心。此外，若觉得黑白配色太单一，可适度加入灰色，淡化黑白对比，或选择饱和度高的红色、蓝色等高彩度颜色，少量应用能达到有效聚集视线的效果，而如此大胆的用色，也能成功塑造出现代摩登空间。

配色技巧

1 大面积的黑白比例，使空间更显清冷

　　想让空间展现高冷质感，无彩度的黑白可说是经典搭配。在配色比例上，不妨拉高白色或黑色的比重，单一纯色的运用，让空间感更为清冷；在家具的选配上，也建议依循黑白配色，或者利用家饰软件为空间增添色彩元素，达到活泼视觉的目的。

> 黑色为后退色，在玄关的墙面和地面以黑色铺陈，不仅可以沉淀空间情绪，也在白色的对比下，产生向后延伸的视觉效果，无形中放大了空间。

● 空间设计暨图片提供 │ Z 轴空间设计

床头深蓝色主墙搭配黑色桌几、灰色床单与窗帘，以无彩色的黑白灰营造视觉层次变化，同时架构出极简空间基调。

2 降低饱和的浊色，注入寂静氛围

　　由于高明度和高彩度的色系能触动人的情绪，因此极简高冷的空间中，建议降低色彩饱和度，灰浊的色系更能产生无机质感，让空间更为沉静。但浊色的运用以小面积为佳，挑选一道主墙涂刷即可，避免让情绪变得更为阴郁。

● 空间设计暨图片提供 │ 寓子空间设计

● 空间设计暨图片提供 | 寓子空间设计

白色为主的空间里，选用铁灰色烤漆玻璃聚焦视线，另外搭配红色、黑色吧台椅作为跳色，为极简空间创造活泼的视觉效果。

3 | 与建材相搭，强化极简质感

　　除了色彩上的应用外，适度加入建材搭配，也可强化极简现代感，例如烤漆玻璃、铁件等材质，本身即带有冷硬质感，因此很适合应用于极简空间中，若刻意选择黑白灰等现代风经典颜色，不只可与漆色相呼应，也让空间更为利落有型。

空间示范

无色彩精致饭店氛围

考虑屋主对顶级饭店的空间向往，以无色彩黑灰白基调作为呈现，并搭配运用材料的纹理，展现细腻质感，例如左侧柜体覆以白色皮革，空间里端更是选用轻薄的采矿岩巧妙隐藏门板、电器，有如黑色画布般，成为特殊的背景效果。

● 空间设计暨图片提供 │ 水相设计

● 空间设计暨图片提供 │ 水相设计

留白框架凸显主墙焦点

业主是一名业余摄影师，独栋建筑顶楼采用自由留白的空间形式，框架以大量留白搭配灰白交错的地坪材质，借以衬托背景墙面的物件。赭红色为底的色彩，配上业主的摄影作品与品牌单椅家具，展现如艺廊般的氛围。

秒懂风格！
用颜色表现家的格调

色彩的运用，往往能营造深刻的印象，尤其工业风、北欧风或是乡村风，每种风格都有着专属的历史发展脉络，因此在家具造型、用色挑选上，更具独特的配色，借此奠定空间风格的基础。以北欧风和现代风而言，全室净白可说是基础底色，但北欧风会选用高明度的家具，像是樱草黄、宝蓝色等。而现代风则是偏好中性色及低饱和的浊色，像是灰色、深蓝色。因此，只要做对配色，风格就会到位，展现独特的居家样貌。

● 空间设计暨图片提供｜曾建豪建筑师事务所（PARTIDESIGN & CHT ARCHTECT）

● 空间设计暨图片提供│合砌设计

风格 1 北欧风

　　一说到北欧居家，自然浮现纯净洁白的空间氛围，这是由于北欧给人长年冰雪的印象，居家也因此形成喜好简洁利落的风格。北欧风配色大致可分成两大类，一种是黑白简约设计，另一种则是运用高饱和色彩的居家设计。以黑白简约配色来说，白色使用比例高达 70％左右，并在格窗、画作上以黑色线条勾勒，形成对比效果；家具选择上则以白色或浅木色搭配，适时通过木质的暖度注入温馨氛围。

　　若不想让空间过于净白，不妨选一道主墙涂上天蓝色或嫩黄色，利用大面积的粉嫩配色注入色彩元素，色系的选择也能让空间显得柔和不刺眼。不只通过涂料来展现，也要运用材质凸显色彩，像是以花砖装点墙面和地板，瓷砖本身的花草图腾强化缤纷的视觉效果；或是选用鲜黄色、正红色的柜体门板，展现北欧风的大胆用色。

配色技巧

1 | 黄蓝经典配色，展现强烈对比

在北欧风空间中，墙面、天花板以白色为主，营造素净的空间基调。颜色常见以高饱和色彩的家具来表现，丰富色彩亦能成为视觉焦点。其中，鲜黄色和靛蓝色可说是北欧风的经典配色，利用其对比搭配可以让空间更为抢眼。

> 为了不让空间过于清冷，主墙铺陈浅灰色，营造理性简洁氛围。沙发采用灰色、黄色相间的色彩，搭配蓝色画作，让家具家饰成为空间瞩目焦点。

● 空间设计暨图片提供 | 合砌设计

2 | 粉彩配色，打造北欧清新氛围

北欧风之所以受到多数人喜爱，源自于舒缓和无压力的居家特质。在大面积净白空间中，搭配降低明度的粉嫩配色，采用粉黄、粉红和嫩绿色系，营造清新明亮的空间氛围，不受争议的和谐配色，营造出的是让人感到放松、温馨的空间氛围。

● 空间设计暨图片提供 | 穆丰空间设计

> 墙面黄色以渐层法打造上轻下重的视觉效果，也因大量空间留白展现清新质感。粉红色和草绿色家具让空间更具有童话气息。

在水蓝色铺陈的空间中，浅色木地板奠定清爽基调，运用大面积木质家具，营造温暖氛围。同时点缀宝蓝色吊灯形成视觉焦点，打造北欧风格。

● 空间设计暨图片提供 | 合砌设计

3 ┃ 注入木质元素，奠定温暖氛围

由于北欧拥有丰富的森林资源，因此北欧居家空间常使用大量木材。在全白用色基础下，运用大量木质家具和地板，增添温润质感。以浅木色家具与白色搭配，清浅的用色让视觉更为舒适而没有压迫感，同时散发出属于家的温馨暖意。

空间示范

温馨北欧度假小宅 ┈┈┈┈┄

　　由于被规划为周末度假小屋功能，所以除了基本生活功能外，最重要的就是，要能让人一进到房间就有放松的感觉。本案例以北欧风为空间定基调，并采用极具北欧感的灰蓝色做主色，当空间氛围确立之后，最后再以家具家饰的灰色、米白色等色系，丰富空间色彩元素与视觉层次。

● 空间设计暨图片提供 | 知域设计 NorWe

● 空间设计暨图片提供 | 穆丰空间设计

清浅木纹和水蓝色，展现知性宁静

　　色调灵感来自草间弥生的画作，在屏风处展现水蓝泡泡景致，还将蓝色延伸至电视主墙，形成连续的视觉效果。木地板和柜体皆采用清浅木色搭配，与水蓝色饱和度一致，整体展现清新宁静的北欧氛围。

● 空间设计暨图片提供 | 寓子空间设计

以深色灰墙实现联结，协调整体配色

主墙"冂"形柜除了收纳电子琴，也为过道旁的餐桌做区域界定；通过空间的切割，让客厅范畴更为精准。略带棕色的泥炭灰电视墙创造大地印象，但墙面上缘刻意留出间距留白，使画面在沉稳与清爽间取得平衡。由于主墙可通过清玻与沙发后方的书房进行视觉串联，也与卧室廊道端景的绿墙相呼应，低调色彩不仅让视觉舒适，也让整体配色衔接得更融洽。

强调风格元素，营造宁静北欧风居家

想呈现稳重的空间感，又要避免过深的墙色造成空间的阴暗感，设计师采用藕灰色作为空间的基础定调，利用轻浅用色改善空间老派印象，并发挥灰阶色系沉淀情绪的特质，营造出适合长辈居住的宁静北欧风空间，搭配稳重的深色木家具时，也能显得自然而不突兀。

● 空间设计暨图片提供 | 知域设计 NorWe

● 空间设计暨图片提供｜上阳设计

风格 2　乡村风

　　乡村风，可说是色彩包容力最高的风格，可容纳多种色彩的搭配，展现缤纷艳丽的魅力。源自欧美地区的田园乡村，通过选用自然的建材，如木材、砖石等融入居家，其中以大地色和砖红色的搭配最具代表性。温暖沉稳的大地色系，奠定质朴的基调；红砖色系则为空间注入温暖质感。有时为了让空间更有活力，会以鲜明的亮黄色与砖红色搭配，提升空间明亮度，更能激发出宛若乡村的活泼与热情。

　　除了红、黄两色，象征田园的绿色，自然也是不可或缺的色彩。为了展现盎然生机，多采用饱和度高的草木绿，并以暖橘色辅佐，注入如暖阳般的气息，让空间更显亲切。由于绿色和橘色对比强烈，建议在墙面涂刷绿色，并通过暖橘色家具做适度点缀，避免大面积的冲突，减少突兀的视觉感受。乡村风并非皆使用热情奔放的暖色调，若想让空间更显典雅，不妨使用灰蓝色、薰衣草紫色等带有冷静特质的色彩来铺陈空间，在多了沉稳氛围的同时，亦能塑造具英国格调的乡村居家。

配色技巧

1 辅以蓝紫用色，打造宁静空间

在红、黄两色的暖色调之外，乡村风也经常运用冷色调，但多会加入灰色，改变色彩原本基调，借此营造清新气息与宁静氛围，其中天蓝色、浅紫色和草绿色都是乡村风的常见用色。为了提升空间温度，再辅以大量木质，展现乡村风特有的温暖氛围。

> 延续餐厨区的蓝色瓷砖，在客厅墙面特意以水蓝色铺陈，形成相似的视觉感受，再辅以草绿色和木质，增添暖意。

● 空间设计暨图片提供 | 采荷设计

> 墙面运用杏桃色，映衬同色茶几，高饱和色彩增添热情氛围。以宝蓝色沙发做点缀，形成视觉焦点，并以浅蓝色木柜衬托。

2 采用高明度色彩，展现空间缤纷活力

一般来说，乡村风空间经常使用高明度的红、黄两色，通过使用象征阳光、绿意、田园风景的鲜艳色系，为空间注入饱满活力。空间里的墙面色彩多为 1~2 种，然后再以家具、抱枕来点缀更多颜色，使用色数量达到 4~5 种，并利用面积大小巧妙混用，即便色彩缤纷也能不干扰视觉。

● 空间设计暨图片提供 | 采荷设计

● 空间设计暨图片提供 | 上阳设计

在白色居家空间中，梁柱以灰绿色修饰，低饱和度浊色能带来沉稳优雅的气息，也让空间更为立体。在白色线板的映衬下，更显深浅色系的视觉对比。

3 | 降低色彩饱和度，营造典雅乡村氛围

除了采用高饱和度的色彩，若想营造更为优雅的乡村空间，不妨降低色彩饱和度，运用橄榄绿色、灰蓝色或是深棕色，不仅可让空间更显沉稳，也能将色调本身具备的典雅气息注入空间，展现更具沉静气质的乡村样貌。

空间示范

麦芽黄色注入暖调，营造怀旧氛围

客厅沙发背墙特意以麦芽黄色作为主色，明度高、彩度低的色系能展现稳重的怀旧氛围。为了让视觉更为和谐，搭配深色皮质沙发和茶几，相似色系让视觉感不显突兀，且深色调的运用可稳定空间重心。

● 空间设计暨图片提供│上阳设计

● 空间设计暨图片提供│穆丰空间设计

高明度的浅蓝色，提亮空间

空间中央光线较为阴暗，除了以玻璃隔间引光，也可运用高明度的浅蓝色展现明亮视觉效果；大面积铺陈让视线更聚焦，散发清新自然气息。而采用线板设计，则让墙面更有层次，也更具质朴韵味。

米黄墙色营造温馨氛围，
与木质共谱清亮乐音

　　开放式客厅、餐厅以米黄墙色与木地板相辉映，勾勒出乡村风的温馨基底。白色百叶窗与白色木质家具，搭配蓝色直纹沙发，让暖色系注入，可借对比色与高明度提升空间清亮感。曲脚线条不仅使空间氛围更添柔美，木质与白色的搭配也让家具造型更有变化。黄铜灯具增添些许华丽，因同属黄色系，可自然融入空间之中。

● 空间设计暨图片提供 | 寓子空间设计

● 空间设计暨图片提供 | 采荷设计

清新草绿色，让空间更清爽

　　顺应空间格局，将草绿色涂刷在墙面正中央，再以两旁白墙辅助，可有效集中视线，也让左右的比重更为平衡。一旁点缀浅木色柜体，清浅用色与绿色相辅相成，呈现宛如大自然森林的配色情境，更显清爽。

● 空间设计暨图片提供 | 寓子空间设计

长形宅以蓝底白框增加明亮度，提升法式乡村优雅感

　　长形空间为避免阴暗，以明度高但带灰的蓝色为主色，利用冷色系退缩感来扩增空间。客厅、餐厅间有梁横亘，可将主墙颜色与白线框漫延至此；既构筑了分界框景，又顺势抬升客厅、餐厅区天花高度，强化动线韵律。家具线条虽没有选用曲脚造型来强化法式特色，但灰底、蓝布花却与主色十分合拍，烘托出法式乡村的优雅氛围。

● 空间设计暨图片提供｜天沐设计

风格 3 现代风

讲求简洁利落的现代风格中，色彩多以黑色、白色、灰色，蓝色、绿色等冷色调来表现，并以低饱和度的浊色系搭配，用色数量尽量降至最低，以展现极简空间感。黑白属无彩色系，能降低视觉暖度，营造利落氛围，打造不过时的空间格调，是现代风的经典配色之一；理智不带情绪的灰色、蓝色，则是简约用色的常见色彩，运用手法多是通过大量的灰色铺陈，奠定现代风的冷硬基调，再加入蓝色强调理性气质。

除了无彩色与冷色调，在现代空间里也常使用高彩度色彩，由于色彩饱和甚至接近纯色，因此可以展现强烈的视觉效果。若是大面积涂刷，则能高调凸显空间的鲜明个性；若不想视觉过于刺激，小面积使用鲜明的黄色、红色等饱和度高的色彩，就能在黑色空间里轻易创造视觉亮点。为了提升现代风空间的时尚利落感，除了涂料外，还可利用具反光特质的材质加以辅助，像烤漆玻璃、镜面等，都能有效强调简洁氛围，尤其在柜体门使用高饱和的鲜明色调局部点缀，就能达到绝佳的吸睛效果。

配色技巧

1 大胆运用饱和度对比，凸显视觉效果

除了以对比色凸显视觉效果，现代风也会大胆运用饱和度的对比来展现特色。像是以深蓝、深绿的浊色与白色相衬，或是黑色、黄色对比，使视觉更有层次。建议选择一道主墙涂布，让焦点更为集中。

床头主墙以深灰蓝色作为视觉焦点，同时搭配深木色的柜体，整体呈现低饱和度的配色，展现现代风格的高冷风貌。

● 空间设计暨图片提供｜合砌设计

床头墙面以涂鸦画作表现近代创作风格，黄蓝对比效果，更显现代时尚感，呼应涂鸦里的蓝色，深蓝色房门成为视觉亮点。

2 注入清爽冷色系，营造沉静、知性感

强调利落简约的现代风，除了以黑白两色为主色，蓝色也是常用的色系之一。而不同的蓝色也能打造出多变的现代风样貌。以浅蓝用色来说，能强化风格的清爽质感；低明度的深蓝色则能展现沉稳特质，也让情绪更为冷静。

● 空间设计暨图片提供｜合砌设计

● 空间设计暨图片提供 | 奇拓室内设计

大面积灰色墙面，搭配同色系床垫和沙发，并以靛蓝色、鲜黄色和草绿色家饰做搭配，利用高饱和色彩做跳色，形成强烈的视觉效果，也丰富了空间元素。

3 | 无彩度色调主导，展现中性氛围

现代风经常大量运用黑色、灰色、白色等无彩度色调，营造简洁有力且稳定的冷静氛围，用色比例多是以白色作为空间主体，其中再适度以漆色或者家具融入黑色、灰色，若想提升活泼感，可加入高明度的家具为空间注入活力。

空间示范

摆脱老派，展现后现代中式风 - - - - -

　　现代空间希望加入中式风元素，又不想流于老派传统印象，设计师选择具联结性的颜色来表现中式风。使用可与中式引起联想的湖水绿色作为墙色衬底，并以现代手法在墙上装饰鲤鱼，鱼群游动的姿态可以制造出空间律动效果，鱼身的鲜明红色，则含蓄地点出中式风主调。

● 空间设计暨图片提供 | 璞沃空间

● 空间设计暨图片提供 | 京彩室内设计

深色主墙定调空间重心

　　在全白的空间里，容易因为白色过轻而缺乏稳定感，而且一眼望去大面积的白，也会让人感觉过于单调。因此选择在餐厅主墙涂刷深灰色，利用深浅强烈对比，丰富空间层次，增添视觉变化，同时以深色系拉低空间重心，打造更为沉稳的空间感。

低调浅灰凸显美式悠闲氛围

　　习惯国外生活的屋主，期待一个美式风格居家，因此采用大量石材、线板打造出熟悉且能放松的美式空间。颜色选用上，屋主希望加入色彩，不要有太多留白，但美式空间元素已经相当丰富，因此选择灰色铺陈全室，低调做出色彩变化，减少过多元素造成视觉上的干扰。

● 空间设计暨图片提供 | 知域设计 NorWe

● 空间设计暨图片提供 | 京彩室内设计

善用比例平衡深浅搭配

　　屋主喜欢怀旧风，因此全室材质选用多偏向颜色较重的建材，然而深色过多容易造成空间阴暗，于是在墙面、木地板两个大面积区域，改以浅灰色与浅色木地板提亮空间；深浅搭配容易失去视觉平衡，因此在比例与选用区域方面，皆经过精准规划，如此才能在同一空间里达成视觉的和谐。

● 空间设计暨图片提供│水相设计

冷暖串联彰显个人品位

从事精品定制的职业素养与丰富的旅行经验，培养了业主对于材质、色彩与美感的细致敏锐的感知能力。青草绿色的木纹底墙，衬以醒目的蓝绿色作为柜体基调，搭配铜金线条交织勾勒，温暖的橙橘色系与木皮进行串联，随兴恣意地挥洒色彩，展现看似冲突却和谐的存在。

● 空间设计暨图片提供｜法兰德室内设计

风格 4　工业风

　　工业风起源于20世纪初期，很多欧美艺术家进驻老旧厂房，将其改造为工作室或住家使用。粗犷厚实的家具、无修饰的钢骨、砖墙结构，产生独特的风格魅力。在这样的历史背景下，工业风用色延续了当时的空间氛围，以无修饰的水泥灰色为主色，辅以低彩度的深蓝色、灰绿色，大面积浊色的运用营造阴暗的厂房气氛。

　　一般来说，为了凸显工业风，空间大多会以灰色、黑色为主，面积可拉高至80%～90%，呈现高度冷硬、粗犷的氛围。若担心过于大胆，不妨将用色转移至天花板，同样能营造阴暗的效果。在卧室这种需要宁静的空间，则建议选择一道主墙凸显重点，其余留白为佳，过重的色系会让人的情绪陷入沉闷阴郁。在材质上，仿照曾有机具的厂房，居家空间会运用大量金属材质，如以黑色铁件作为家具，甚至创造仿旧金属质感，以红铜锈斑呈现岁月的斑驳感觉。

配色技巧

1 水泥灰大面积铺陈，强化风格基础

为了展现工业风的粗犷氛围，除了裸露砖墙、屋顶结构，不加修饰的水泥更是一大重点。因此运用大面积的灰色铺陈，重现工业风的原始样貌；而灰色与金属质感相衬，更能显现工业风的冷冽气息。

全室的浅灰色墙面，形成内敛沉稳的工业气息，同时以净白房门并陈，突显视觉焦点。地面选用纹理鲜明的木地板，呈现材质原始粗犷的本质。

● 空间设计暨图片提供 | 合砌设计

大面积浓绿色与吊灯色系相呼应，注入复古情调。屋顶不做修饰，大胆裸露管线机具，与厨具设备呈现利落金属质感。

2 沿用经典绿色，打造怀旧复古风

工业风的色彩除了取自水泥、金属的灰色，在当时的厂房也常见多彩的珐琅吊灯，浓绿色和正红色最为经典。因此想让空间出彩，不妨在墙面加上浓绿色调，搭配深木色降低饱和度，呈现浓厚的复古怀旧氛围。

● 空间设计暨图片提供 | 法兰德室内设计

空间示范

局部高彩度对比，凸显
焦点

　　工业风不再只有灰白
色，大胆采用高饱和的色
系，能在水泥灰的色调中，
突出空间焦点。卫浴墙面特
意融入货柜屋的造型，让人
联想到厚重的工业质感，鲜
艳的蓝色与橘色皮革门相互
搭配，高彩度的对比在深色
调的空间中成为瞩目焦点。

● 空间设计暨图片提供 | 合砌设计

● 空间设计暨图片提供 | 法兰德室内设计

水泥灰搭配浓绿色，奠定
复古基础

　　延续空间原始结构，裸
露部分红砖，墙面则采用水泥
粉光，以冷硬的灰色奠定粗犷
基础。迎光处墙面改以浓绿色
铺陈，带有复古情调的色系展
现温润氛围，避免空间过于冰
冷。再点缀蓝白相间的寝具，
更显独特个性。

● 空间设计暨图片提供 | 法兰德室内设计

黑灰色系，强化冷硬调性

　　全室墙面采用水泥粉光铺陈，再辅以深色木地板，富有纹理的表面质地，重现工业风的粗犷质感。家具以灰色和黑色系为主，将整体色系限制在黑、灰、白三色上，无彩度的配色强化了冷硬的工业风格。

墙色与家具一致，打造干净立面

　　床头主墙大胆采用趋近于黑色的深蓝色，不仅能有效沉淀空间情绪，也与白色天花形成强烈对比，形成后退的视觉收缩效果。同时采用黑色壁灯和床具，巧妙融入壁面，视觉得以连贯，打造干净利落的墙面色彩。

● 空间设计暨图片提供 | 法兰德室内设计

要点 POINT
04 跳出舒适圈，
漆色以外的选择

想为居家空间增添色彩，大多数人会采用有多种颜色可挑选的漆料，除了施工方式简单，价钱上也相对便宜。不过随着建材的日新月异以及建材品质的提升，过去最容易受限的色彩如今变得缤纷许多，也因此可跳脱只有实用、单调的刻板印象，为使用者提供更多样化的选择与搭配，从而打造出更具个人特色的居家。而对希望为居家空间增添色彩的屋主来说，则可摆脱单一选择，在漆料之外运用多种具备色彩元素的建材，打造出更为出色的空间。

● 空间设计暨图片提供｜曾建豪建筑师事务所（PARTIDESIGN & CHT ARCHTECT）

● 空间设计暨图片提供 ｜里心空间设计

材料 1 花砖

　　花砖一直以来就是瓷砖最具特色的代表，它不同于一般瓷砖，多是石头纹理或大地色泽。花砖砖面通常会绘制图案并添上色彩，砖材本身已经缤纷多彩，不同的拼贴组合，还能产生更多变化，因此相较于单色瓷砖或单一漆料，具有千变万化且缤纷有趣的特质，花砖的应用空间广泛，且不受区域限制，地面、墙面都适合使用。

　　花砖在使用前最好做好规划，若不想费心搭配，或者不想太过张扬，可选择地面做铺贴，避免成为视觉焦点，又能低调丰富空间元素，而且如果只铺贴局部空间，也可作为空间隐性分界。图案选择上，除了常见的花纹图样，也有几何图案可选择。花纹图样理所当然令人感觉缤纷有活力，也多以鲜明色彩呈现。有规律性的几何图案，表现的是有条理的秩序美。除了艺术性表现，表面质感也有亮面与雾面之分，亮面砖材表面光滑，可强调砖材图样与色彩，雾面砖材则展现让人安心的质朴触感。

搭配技巧

1 小空间酌量应用，避免压迫感

想使用花砖为空间制造吸睛效果，要注意空间大小，尤其是像卫浴这类小空间，建议局部使用，或者铺贴在面积最大的地板区域。繁复的砖材图案，数量一多图案过于密集时，便容易让人产生不适的压迫感，因此最好根据空间条件，进行搭配运用，才能发挥建材原有的特质。

> 卫浴壁面以白色铁道砖铺贴，营造放大与明亮效果，地面则选用黑白色系花砖，融入空间色彩也有活跃视觉的效果。

● 空间设计暨图片提供 | 合砌设计

2 尺寸大小形成视觉差异

花砖有尺寸大小差异，选用时最好根据空间与希望达到的视觉效果来选择花砖尺寸。一般尺寸小的花砖，铺贴时花纹比尺寸大的花砖更为集中，有聚焦视线的效果，建议用在厨房防溅板、局部墙面为佳；大尺寸花砖则适用在公共区域或者空间主墙，利用大面积铺贴来展现纹样之美与大器质感。

● 空间设计暨图片提供 | 润泽明亮设计事务所

> 防溅板以小尺寸花砖做拼贴，利用上下全白柜体，来凸显花砖花样，色彩则采用灰蓝色调，低调增添色彩元素。

刻意选择与木地板接近色系的花砖，延伸视线的同时也减少突兀感，花砖图案融入砖色，低调变化中维持空间利落基调。

● 空间设计暨图片提供 | 里心空间设计

3 发挥花纹、色彩属性，凸显空间个性

不论是局部或者大面积使用，花砖的花纹与颜色，都会对空间风格、氛围产生一定影响，其中颜色丰富鲜艳的花砖，较常见于乡村风，黑灰色调的花砖适合理性的现代风空间，繁复图案建议在大空间使用，如此才能展现花纹美感，线条单纯的图案，则比较百搭不易出错。

空间示范

花砖腰带增添空间紧实感，
与地砖共塑活泼氛围

　　卫浴立面以釉亮的浅灰素砖营造清爽氛围，低彩度的蓝色花砖在腰带局部铺陈，可让空间显得紧实、有层次。地面则采用六角形的白、灰混色雾面砖增强色彩与线条变化。利用上浅下深、明度逐渐变暗的搭配，实现了空间的均衡与稳重。清透的玻璃拉门不仅有助于放大空间感，也让建材的搭配能够完整呈现。

● 空间设计暨图片提供 | 寓子空间设计

● 空间设计暨图片提供 | 寓子空间设计

花砖墙借图纹活络气氛，使视线聚焦餐区

　　餐厅位于开放式公共区一隅，跟客厅有视觉联动关系。考虑玄关及电视主墙皆为浅色木皮，周边立面又都是白墙，故以灰色花砖铺陈；利用图纹线条使整体气氛变得活泼，也让餐区感觉完整。花砖墙成为客厅的视觉端景，与浅灰沙发和主墙侧旁的灰柱形成颜色呼应，更强化了整体的协调性。

对比色花砖，强化视觉张力

卫浴墙面采用水泥粉光铺陈，中性的灰质色调降低了空间暖度，赋予空间冷硬质感。门板使用天蓝色，以增添宁静气息；与之相连的地面则特意延续相同色系，统一视觉效果，并辅以黄色花砖，形成鲜明对比，为冷硬空间注入缤纷色彩。

● 空间设计暨图片提供｜合砌设计

调整灰阶明暗，让图纹、色彩产生共鸣

考虑住家陈设素雅、采光明亮，刻意凸显餐厨使其成为公共区焦点。打破一般素面搭花纹的惯性，下柜刻意选用了棕色仿旧面板，上柜采用榆木皮染深处理，结合早期海棠花纹老玻璃，呈现复古人文感。中段墙面铺陈棕色、蓝色交杂的雾面彩绘花砖，让画面更丰富。跃动视觉通过同一明度的灰色做调和，反而降低了纷扰，成为和谐又具个性的存在。

● 空间设计暨图片提供｜润泽明亮设计事务所

● 空间设计暨图片提供｜谧空间研究室

材料 2 壁纸

　　想让墙面增加色彩变化，变得更加丰富，比起涂刷油漆或者铺贴瓷砖，壁纸施工简单、图案多样，能轻易为空间增添元素。一般人对壁纸的印象，还是停留在有图案的壁纸，其实除了这种常见的选项外，单纯素色或者仿材质纹理的壁纸，乍看变化细微，无法立即给人抢眼的第一印象，却能提升空间精致质感。

　　壁纸的挑选搭配，与空间风格有着密不可分的关联，以带有图案的种类来看，具体的图像可明确空间属性与基调，因此我们常见儿童房使用缤纷多彩的壁纸，古典风空间则会出现经典古典图案，由此可见确定了空间风格，针对主题做选择，便可减少选搭难度。至于素色或者仿材质的壁纸，建议可与天地壁※相互搭配选用，以希望呈现的视觉效果为基准，进一步选用色系或图案搭配即可。

※ 天地壁：天花板、地面、墙壁

配色技巧

1 丰富图样，精准营造空间情境

若想使用带有图案的壁纸，可依空间、风格进行挑选。儿童房适合童趣可爱的图案，主卧室则适用成熟、抽象图案的壁纸。另外依据空间风格氛围的不同，也会有不同选择，如近几年流行的工业风，带动仿砖墙壁纸的流行，碎花图案则常见于乡村风。选搭时只要确立了空间属性与风格，就能准确挑选适合空间的壁纸。

> 壁纸上可爱又具童趣的图案，明显确立空间儿童房属性，颜色呼应周边色彩，选择颜色柔和的复古色调壁纸，呈现更为舒缓的空间氛围。

● 空间设计暨图片提供 | 分寸设计
CMYK-studio

2 以质感丰富单调素色

由于壁纸本身即具有一定质感，所以就算是单纯素色，相较于漆料，视觉层次也更为丰富。想做出变化，又不想太过高调，建议可先从壁纸表面质感挑起，然后再根据空间风格进行颜色上的选搭，如此就能轻易提升质感，并丰富空间元素。

● 空间设计暨图片提供 | IIMOSTUDIO
壹某设计事务所

选用布面质感壁纸，与同是深色的墙面形成细腻差异，贴饰面积从主卫入口一路延伸至窗边，以连贯视觉，塑造沉静空间感。

空间示范

善用建材特性丰富视觉

　　以大量的白色与手感砖墙，架构出北欧风空间框架。接着再以家具、家饰点缀空间色彩，并在大量浅色系的空间里，在展示柜底板，贴饰中性咖啡色系壁纸，加入重色有稳定空间的效果，并利用壁纸不同于漆料墙面的质感，丰富空间元素。

● 空间设计暨图片提供 | 璞沃空间

● 空间设计暨图片提供 | 寓子空间设计

借风格迥异的壁纸区分公私区域、统整设计

　　公共区域墙色素白，仅用格纹布沙发及少量灰棕色作为色块点缀，将梯间贴上色彩鲜艳的壁纸，以调动空间活泼性。卧室以淡蓝色搭配白色增添空间开阔感与明亮感，床头采用灰蓝带浅棕纹壁纸提升典雅格调。通过亮丽与恬淡对比，空间内、外属性得以凸显，卧室壁纸纹理色泽跟公共区调性呼应，让居室用最省力的方式强化整体设计感。

● 空间设计暨图片提供 | 寓子空间设计

善用壁纸特色精减预算，强化视觉

　　Loft 风格居室，一入门视线就直透到底；因此用浅灰细丝纹壁纸延伸至窗边，营造出类水泥的非均质感，也便于凸显家具与主墙特色。对立墙以红砖壁纸做 L 形铺贴聚焦视觉；不论一旁的谷仓门板是开是合，都能互相进行造型支援，除了强化随兴感，也达到小预算、大效果的设计目的。

● 空间设计暨图片提供｜实适空间设计

材料 *3* 黑板漆

　　黑板漆属于涂料的一种，与油漆最大的不同，就是在墙面涂上黑板漆之后，便可以在上面随手涂写。过去黑板漆的运用常见于讲求随兴、手感的工业风空间，或者是为了供家中小孩可随意涂画的墙面，将之融入空间设计；由此可见，黑板漆伴随着强烈的趣味、随意印象，可为居家空间营造自由而不受拘束的空间氛围。

　　过去黑板漆的主要颜色为黑、绿两色，色彩选择不多，而且容易受限于居家空间风格用色，不过随着黑板漆的使用愈来愈普及，近几年黑板漆也发展出各种色彩，为使用者提供了更多选择，除了手写涂鸦功能外，也成为为空间增添色彩元素的选择之一。使用时建议将黑板漆功能与空间结合，如书房、厨房或儿童房，都相当适合。颜色选搭上，如果采用的是最基本的黑色、绿色，周边墙面就不适合使用过深的漆色，若是选择其他颜色，则尽量与空间整体色彩相搭配。

配色技巧

1 大面积使用营造视觉焦点

使用黑板漆时，更多的人还是选用传统的黑色、绿色，由于颜色厚重，即便是大面积涂刷，也最好维持在一面墙上使用，周边墙色建议使用白色，化解重色带来的沉重感，同时也可利用黑白强烈对比，凸显深色墙面，营造空间视觉焦点。

大面积涂刷黑板漆，为白色居室创造稳重端景，同时又有不同于传统油漆的手绘质感，有效让空间更富生活气息。

● 空间设计暨图片提供 ｜ 禾郅设计

给位于过道的墙面涂上黑板漆，不只方便屋主临时手写记录，同时也能为过白的空间带来色彩，增加色彩元素。

2 局部涂刷制造趣味亮点

局部使用是最常见的黑板漆的运用方式，也有人会涂刷在门板上。由于黑板漆除了黑色、绿色，其他皆偏属饱和度较高的颜色，因此不管是在墙面或者门板等小面积区域使用，也能借涂料的原始色彩营造出跳色效果，形成引人瞩目的空间亮点。

● 空间设计暨图片提供 ｜ 知域设计 NorWe

空间示范

黑板漆丰富墙面变化，打造深邃端景

● 空间设计暨图片提供 | 寓子设计

楼中楼居室利用高明度的白来放大空间，为空间营造洁净明亮感。为了避免白色流于平淡，通过玄关隔屏、厨房层板、电视墙勾缝等的种种线条变化，提升视觉层次。入口墙面以黑板漆做倒 L 形涂刷，一来可以增加留言或涂鸦的便利性，二来深色漆可让入口变得较不明显。结合黑色的柜体，还能制造黑白对比的视觉端景，也让空间变得更深邃。

以黑板漆在极简白色空间中制造手感趣味

在全白极简的空间里，以黑板漆框出一个"冂"字形，以确定私人空间位置，同时也能制造进入隧道的视觉意象；左右不对称的设计，则是希望避免黑板漆延伸至客厅区域，因此模糊了空间界定。

● 空间设计暨图片提供 | 里心空间设计

统一材质用色，简化视觉效果

　　以工业风为基调的空间中，墙面涂抹水泥粉光，中性灰的质感奠定冷冽基调。同时用黑板漆墙增加记事功能，大面积黑色漆面与电视色系相呼应，统一用色有效让墙面利落不纷乱。后方映衬定向结构刨花板（Oriented Strand Board, OSB，也叫"欧松板""爱格板"）门板，借由自然木质在冷硬的空间中增添暖度。

● 空间设计暨图片提供｜法兰德室内设计

第二章　空间 SPACE ··················

色彩应用

Dulux ※2192 白

Dulux 30YY 56/060 灰

雪白住宅以光影、原材为生活上色

文｜黄珮瑜　空间设计暨图片提供｜润泽明亮设计事务所

Dulux：多乐士装饰涂料

住办合一的公寓，原格局是三室隔间的办公室，除了在功能上不符所需，户型分割亦使居室显得阴暗。由于女主人喜爱白色，希望居住环境尽量开阔、简洁，因此将邻近客厅的卧室隔墙拆除并向前挪移，改用折叠门与滑轨门做屏障，再搭配可变身床铺的功能家具，满足空间弹性需求。主卧因起居间墙面调整多争取了约 60 厘米的宽度，相邻的第三房则直接并为更衣室与主卫使用。此外，将原厨房改为客卫，并在客卫入口旁新增一小段墙面，此举让冰箱有了安置处，就连大门旁的零畸空间和变电箱也一并隐藏进柜体中，而因格局的变更顺化了动线，也使采光与空间感大幅扩增。

全室以"白"创造干净、明亮质感，但借色调偏黄、极具分量感的香杉木餐桌，以及深浅不同的灰色家具、织品为空间增色。厨房墙面以 5 厘米 ×5 厘米灰蓝色花砖点缀增添活泼氛围，也缓和了过于清冷的感觉。大量留白褪却纷杂，少了多彩喧闹，家的韵味反而更加悠远绵长！

配色重点

1. 以白色贯穿空间，给人清爽、明亮的色彩印象，也如同画布让光影效果更迷人。
2. 厚实、色调带黄的原木桌椅，营造温暖及稳重感，同时凝聚开放区域焦点。
3. 借家具、织品和花砖调度灰阶，既不抢主色风采又化解白色的冰冷，并通过软装、植栽点缀少许蓝、绿跳色为空间提神。

以灰系低调烘托白色纯净 ⋯⋯⋯⋯⋯⋯⋯⋯➤

公共区域采用开放式，玄关以抽象线条画作渲染意境，并以实木椅条与餐桌辉映，达到界定范畴、装点自然风情目的。灰色系超耐磨地板使空间不流于轻浮，又能自然地与周边家具、家饰融合，完美烘托了白色住宅希望传递的纯净感。

活动式门板强化区域应用弹性

　　拆除隔墙以活动式门板让光源得以互通，大大增加空间明亮感。天顶滑轨不仅确保地面完整，两种收折方式也让空间伸缩尺度加大。脚凳与沙发皆能变身床铺增加实用性，而棕色与灰色的搭配，呼应周边色彩，巧妙点缀暗红亮面樱桃饰物，在光与影的流动中，让素白容颜更添红润生气。

暖灰营造优雅，蓝彩点亮元气

　　地毯是客厅色彩面积最大的区块，刻意选用带点咖啡色的暖灰色提升温度，周边再结合铁灰灯罩、深浅不一的毛抱枕来调配灰阶明暗，让白色的背景与家具更显柔和。另外以蓝色抱枕、花饰跳色增加亮点；再搭配黄铜桌几，精致优雅的氛围自然生成。

小方块花砖活络素白住宅氛围

　　客卫入口旁增加一段约 92 厘米的墙面，使冰箱与收纳柜能整合在同一动线上，减少畸零面积浪费。厨房墙面以灰蓝色 5 厘米 ×5 厘米花砖制造端景；几何图纹是早期建材的流行花色，以怀旧印象联结，巧妙融入人文气息，拼布般的视觉感也让家的表情更显亲切。

以原木色泽的温润，收拢灰、白色调的距离感

为了让白色住宅能够保持素雅，刻意选用透明的造型灯具以减少色彩干扰。带黄的香杉木桌板保有原木曲线且具香味，下方搭配铁件及 10 厘米厚的亚克力桌脚，看似冲突的结合，却让空间穿透性与趣味感升级。冰箱旁的收纳柜门板保留实木纹理，虽然喷上白漆，却因凹凸的触感让立面更加生动，不会流于平板。

窗帘布花呼应内外景，为空间增色添彩

主卧入口因为起居间墙面调整而前挪了 60 厘米，令主卧空间更加宽敞。将冷气孔与原窗整合，纳入更多的采光与山景，除了强化亮度，窗帘更以宽版的灰、绿直条色块来统整色彩。深咖啡皮革单椅色彩浓重，却有聚敛视觉的作用，有助于休憩空间放松身心。

借浴柜橡木色提升灰色系卫浴暖度

同样用白色打造客卫主印象，但以长形地铁砖与蜂巢状的三色马赛克混搭，借勾缝线条变化和驳杂砖色营造跃动感。主墙则以浅灰色和橡木色的浴柜略增彩度，同时也呼应了公共区中性色与白色的搭配原则。

02

● Dulux 00NN 37/000 灰
● Dulux 30YR 74/045 石英粉红
● Dulux 50BG 44/094 灰蓝

纯粹白色与灰阶，
享受简约宁静生活

文 ｜ Celine　空间设计暨图片提供 ｜ 十颖设计

谁说空间本身所给予的宁静，一定得来自厚重的材质与色调？工作繁忙的屋主夫妇，期盼回到家能放松、舒缓心情，设计师通过纯粹的白色为主体材料规划，铺陈天地壁架构，以抹去使用者繁杂的思绪，让家具配件、生活轨迹铺排出丰富的画面。此外，由客厅连接餐厨的墙面饰板加入大面积灰阶铺陈，赋予空间聚焦效果，亦可稳定空间的浮动状态。

灰阶系统依垂直动线往上延伸，让空间具连贯性与整体性，因单层面积关系，二楼洗手台移至梯间，无接缝灰阶钢石地板化为墙面质材与书房壁面，黑玻隔间则将光线带入盥洗区，提升梯间亮度的同时也令书房尺度更为舒适。转至客房、主卧，则由轻柔色系融合灰阶构成，客房刷饰清爽的灰蓝色调，以收纳柜体为基准采取半墙涂刷方式，让空间更有层次；主卧室的石英粉红色与白色，搭配灰阶床头绷板、深蓝色窗帘，渲染出清爽却又优雅的氛围。

配色重点

1. 运用白色烘托安静氛围，天地壁以白色为架构，加入灰阶打造稳定空间的效果。
2. 灰阶依附垂直动线联结每个楼层，让空间产生连贯性与整体性。
3. 家具、灯具、窗帘等软饰作为色彩配角，在白色框架的衬托下，彰显空间质感与生活品位。

纯粹灰白色营造安静温暖氛围 ┄┄┄┄┄┄▶

为满足屋主对家的宁静需求，天地壁以白色为架构，灰色墙面为空间带来聚焦效果，纯粹干净的框架之下，局部于壁面腰带、天花板置入线板，增加光影立体感，同时着重家具、软饰的挑选搭配，让空间更为丰富。

拼色墙面清爽舒适

位于二楼的客房兼未来的儿童房，撷取公共厅区的深蓝色降低彩度，以灰蓝色阶搭配白色，定下清爽舒适基调，半腰墙更是实用的双面柜体，内侧具备丰富的收纳空间、外侧则可放置书籍或供展示使用。

深木色搭灰阶，创造宁静的阅读空间

　　沿着简单的金色扶手来到二楼，是男主人专属的书房空间，木制卧榻满足使用者大量藏书的收纳需求，深色木皮与灰色钢石质材渲染出静谧的阅读氛围，书房局部隔间采用黑玻，将光线带入梯间，也化解了书房的封闭感。

优雅柔和的主卧基调

　　主卧室选用石英粉红色配白色，同时搭配灰阶床头绷板，并延续厅区的深蓝色窗帘，柔和之余又多了优雅质感，左侧利用白色铝格栅拉门划分更衣间、梳妆区，穿透感的材质有助于空气对流，也提升了空间的宽敞度。

温暖宁静的瑜伽空间

　　独栋住宅四楼规划为女主人的瑜伽运动空间，延续灰阶系统使其成为主要的墙面刷色，搭配温润的实木地板，让人不自觉地放松思绪，最特别的是，三楼通往四楼的挑高梯间，挑选蓝色挂毯装点，柔软的材质呼应空间所需的轻松氛围。

● Dulux 90YY 62/264 漆浅绿
● Dulux 50YY 63/041 浅雾乡
● Dulux 40YY 41/054 深雾乡

黑白摩登大宅，
因活泼靓色而更耀眼

文｜Fran Cheng　空间设计暨图片提供｜Z轴空间设计

屋主喜欢现代摩登风格，同时在色调上也明确表示希望能住在明亮且活泼的空间。原始厨具与吧台是黑色的，考虑到整体空间采光好，建议以黑白主色调营造现代感，并以开放厨房的黑色为起点，延伸出黑色木墙柜，让隐约秀出木纹肌理的黑墙成为公共区的主视觉；同时将餐厅主墙以染黑的纤维板搭配立体切面造型设计，与厨房黑色主墙呼应，并以绿色铁件层板为餐厅主墙拉出出色的线条，也与客厅设备柜色彩串联。除了黑色墙面散发安定力量，大量白色硬体与大采光窗则满足屋主喜欢明亮空间的需求，也让开放公共区更显宽敞舒适。

最后，画龙点睛的家具色彩则让空间更能聚焦视觉。首先，灰色简约的几何造型主沙发椅及白色无瑕的餐桌铺陈出舒适的生活质感，而刻意低调呈现的水泥色木地板则让红色餐椅及黄绿色吧台椅更加耀眼，画面也瞬间变得活泼亮丽。进入卧室区，设计团队选择以沉稳而优雅的灰阶作为基调，并于每间房间适度加入个性色彩来为空间增温。

☆☆☆

配色重点

1. 由于室内光线充足，决定延伸出黑色主视觉墙，并成为空间中沉稳的力量。
2. 空间硬体多采用浅灰色与白色，配合宽幅落地窗营造流畅空间感。
3. 为了凸显活泼色调的家具，特别挑选仿水泥色调的灰色木地板，使得餐厅的红色餐椅与黄绿色吧台椅显得特别跳色耀眼。

缤纷入口点亮现代风格居家 ·······················▶

为满足屋主喜欢的现代风格及活泼的居家空间氛围，在独立格局玄关端景墙上，设计师选择一幅色彩饱满且温暖的现代抽象画，让人一入室内就因眼前所见产生惊艳的效果，而作为挂画衬底的黑墙除了更能显色外，也可与室内的主视觉墙呼应，凸显设计的层次美感。

客厅与餐厅的黑色主墙成为焦点

客厅与餐厅无阻串联，大落地窗给予室内超好采光，加上全室大量浅白色调基底铺陈，使得空间更显清亮。厨房区的黑色墙面恰可提供稳定力量，并且与客厅主墙旁的黑色柱体，以及餐厅后方以黑色衬底的主墙，形成公共区三面联结的稳定色调。

轻盈色彩点亮各区，更增律动美

公共区最抢眼的色彩莫过于单椅家具，设计团队刻意在立面墙选用无色彩的黑色与白色，以及米灰色调电视石墙、水泥灰阶的地板做基调，好让舞台让给活泼的单椅。客厅浅木皮色单椅、吧台黄绿色高椅，以及三张红色餐椅，分别位于开放的客厅、餐厅的不同地区，更增添色彩律动感。

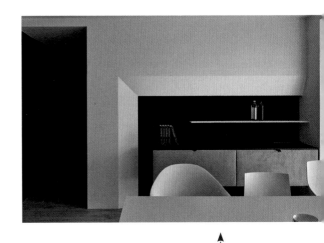

黄绿色线条让黑色墙面更出色

餐厅旁结合餐柜、层板柜以及切面的立体造型设计，形成视觉美感与实用功能兼具的餐厅主墙，其中衬底的染黑纤维板粗犷却不失质感，而铁件制成的薄层板在侧面烤上黄绿的漆色，在黑色底墙上格外出色，也能与客厅及吧台区的绿色调产生共鸣。

酌加暖色调为主卧空间加温

主卧运用色彩为生活稍稍加温，暖灰色床头主墙散发沉静又温婉的氛围，搭配左右鲜明跳色的床头柜，让空间更有现代感；床尾木墙则内有玄机，让屋主的储物与看电视等生活起居功能都整合在里面，同时也凸显了木纹的温润质感。

粉红家饰为理性空间增添浪漫感

　　女孩房延续暖灰的基本墙色，但色调偏粉色系，更能衬托出居住主人的气质，在床边改以悬空抽屉与台面结合的矮柜设计取代边几，轻盈且可随兴陈设的家具设计让氛围更轻松自在。另外，台面上方选用垂吊的粉红吊灯代替壁灯，搭配粉红镜框的穿衣化妆镜，为理性空间加入粉红色浪漫气息。

双色木墙，将功能墙转为主视觉

为了满足屋主在卧室内需要有电视柜与衣物收纳空间的双重需求，设计师将床尾橱柜区先规划出足量的复合式衣橱，再配置电视柜；接着，在橱柜外设计两道推拉门使柜体可全部关起来，原木色与染黑木皮的两道拉门形成双色木墙，木纹的肌理散发出自然气息，让卧室的视觉随时保持简洁无瑕，色彩上也与公共区有所呼应。

- Dulux 00NN 53/000 浅灰
- Dulux 30BB 08/225 深蓝
- Dulux 10BB 28/116 灰蓝
- Dulux 50GY 43/120 灰绿

深蓝、浅灰、灰蓝
三色块营造空间剧场感

文 | 黄珮瑜　空间设计暨图片提供 | 分寸设计（CMYK STUDIO）

位于深坑山腰上的老屋，原本有漏水和壁癌问题，且相邻的两间卫浴面积比例失当，导致主卫空间过小，不利使用。考虑屋主的预算与生活需求后，设计师决定将水电基础工程作为施工主项，仅将卫浴墙面微调以精简预算。此外，将封闭式旧厨房改为开放式；L形台面不仅扩充了备餐面积，也将电器统合于下柜，提升了整体美感。

开放式公共区结构梁明显，但让它自然裸露，搭配大面积水泥色塑胶地砖，营造出质朴、原味视感。立面用深蓝、浅灰、灰蓝三大块漆色来划分客厅、餐厅、厨房区域，除了达到功能分界的目的，同时也反映出屋主工业设计的背景，让这个与工作室结合的居室，风格更显著。

为了让色彩对比不过于强烈，灰阶的颜色除了运用在公共区域，也遍布整个居室。例如两间卫浴就分别套用餐厅、厨房的墙色，让色彩有延续感，主卧则以灰绿色增加清爽感，利用不同色调区分出公、私属性，同时通过色彩的调度，营造出剧场般的气氛，让居家体验变得更有趣。

☆ ☆ ☆

配色重点

1. 深蓝、浅灰、灰蓝三色块共构公共区，划分各自功能、打造个性印象。
2. 以不同灰阶调整明度，统合公、私领域色彩，提升整体舒适感。
3. 主卧借同是冷色调但不同色相的灰绿区分内外，并搭配木质增添温馨感。

以深蓝色营造深邃感，强化区域独立性 ┈┈┈┈┈▶

因入门视线直透，因此将宽距约 210 厘米的墙面以深蓝色圈围，让客厅形成深邃端景自成一格。餐厅与玄关没有另设隔屏，而是以浅灰色统合成一个色彩区块。考虑餐厅位于过道上，完整性较弱，利用黑色格柜增加收纳空间，同时让餐区焦点更集中。

深灰蓝色完美烘托黑色厨具

　　男主人喜爱烹饪，厨房成为公共区重心。拆除门板及局部墙面后，将原本封闭的厨房改为开放式；独立散布的家电则利用 L 形厨具统合于下柜。带黄的实木集成板材，与黑色美耐门板结合，提升了高贵感；与深灰蓝色背景搭配更能彰显风采。中段衔接与墙色相仿的烤漆玻璃，让色彩层次因质地不同而更显深度。

加大淡色比例，平衡深色视觉

公共区选择水泥色塑胶地砖铺陈，除了预算考量之外，也因灰色中性、低调的特质方便与其他配色融合。明度低的深蓝色能减少反射，也具有收缩视觉、强化独立性的作用，而浅灰墙色不仅可降低白、蓝两色对比度，也避免风格偏向希腊风，加上又是入门的第一道色彩，借此加大浅色区面积比例以增加明亮，让空间画面得以平衡不偏斜。

借彩度与明度调和灰色表情

玄关区沿着入口同一侧配置了悬空柜与玻璃柜，搭配灯与椅，成为动静皆宜的功能角落。虽然使用同一墙色，但吊灯与木桌确立了餐厅定位，反而让两个功能区呈现互相支援的关系。厨房是生活要角，采用黑色系厨具凸显重点；灰蓝墙色有助于烘托厨具，也因彩度跟明度的差异强调出区域分界，创造变化感。

更衣间以深蓝色回应视觉联动

更衣间的位置紧邻玄关，打开时又跟厨房墙面有视觉联动，因此选用跟客厅一样的深蓝色增加呼应、减少落差。半开放的灰白色柜体，降低了封闭式空间的沉闷感，镜面反射也有助于扩展景深、提升明亮度。

主卫干区以淡灰色墙、横贴砖扩充空间感

主卧卫浴格局是淋浴间、洗脸台、马桶三者并立的状态。碍于结构，洗脸台必须与管道间结合，于是用 L 形白色人造石台面延展使用范围；靠近马桶的下柜则规划成开放式。入口改为横向滑轨门，争取缓冲距离，右侧干区则以浅灰色墙搭配扁长形白砖，借淡色与横向线条扩充空间感。

低明度灰绿色让身心得以好好放松

主卧以灰绿色宣告空间已进入私人区域，低明度色彩让人休憩时不会有负担，绿色系与灰白色板材的搭配，除了营造清爽感，也较开放空间的蓝色更具暖意。

淡棕灰色长砖衔接上、下色块

客卫套用厨房灰蓝色进行墙色延续设计，在易受水区块规划雾面长形砖，保持日常清洁的方便性。灰带棕的瓷砖颜色虽然较淡，但因使用面积大，避免了头重脚轻之感；同时也与浴柜门板相协调，让空间在大地色系的深浅进退中充满舒适感受。

蓝灰色砖凸显干湿区色差，制造视觉韵律感

主卫左侧湿区因防水需求将砖贴到顶。半高砖墙刻意做厚让洗澡用的瓶瓶罐罐有收纳的地方，上方结合清玻璃，使空间更加穿透。材料上选择与干区色彩、尺寸落差较大的蓝灰色系马赛克砖，制造出视觉韵律感；湿区选用深色系的砖不显脏。

05

● Dulux 90BG 17/120 深蓝
● Dulux 30YY 10/038 黑

自由通透框架，
实现专属的蓝灰色慵懒之家

文｜Celine　空间设计暨图片提供｜曾建豪建筑师事务所（PARTI DESIGN & CHT ARCHITECT）

屋主喜欢深蓝色、黑色这类颜色，加上经常邀约朋友齐聚，也想要一个通透开放的空间。为串联色彩与格局，达到相互加分的效果，除了将四室缩减为两室，更破除传统中央走道，两侧是卧室的配置，并充分利用房子拥有大面高楼景观的条件，将电视墙最小化，以旋转电视柱取代。主卧和主卧卫浴皆采取玻璃隔间，达到视线光线相互共享，以及宽敞空间的舒适感受。

而光线自由穿透又能独立的公、私空间，更围绕深蓝色、黑色、灰色主色做出延伸，例如：卫浴隔间的仿清水模涂料特别勾勒出线条，呼应浴室壁面抢眼的几何图腾瓷砖；深蓝色漆铺饰的窗景壁面，衬以石墨黑色美耐板规划卧榻，不同光影下隐约透出咖啡、铁灰色阶，却又能与厨房的黑色铁道砖、走道喷漆的黑色完美融合。另一方面，设计师也通过客厅收纳柜内局部贴饰木皮、彩度较高的软装搭配，以及特意挑选木纹感鲜明的超耐磨地板等作为配色要角，成功平衡以蓝色、灰色、黑色为主的冷调空间。

☆ ☆ ☆

配色重点

1. 深蓝、黑灰主色分布在公、私区域，彼此相互衬托打造出视觉层次，也创造出空间整体性。

2. 柜体添加木头元素，加上纹理鲜明的木地板，以及彩度较高的黄色、橘色软装，让看似冷调的空间多了温暖感。

3. 冷暖彩度之间，通过相近的几何线条、图腾予以串联，也为深色空间增添丰富视觉。

点缀高彩度物件制造亮点 ⋯⋯⋯⋯⋯⋯▶

入口玄关选用仿水泥板材打造收纳柜体，并利用地砖做出落尘区，室内穿鞋座椅区以黄色坐垫、蓝色层架做出跳色，试图平衡空间的冷暖性，同时也由此点出这个家的主题。

围绕深蓝、黑灰的慵懒个性风貌

　　90 余平方米的住宅，以灵活的生活形态为主轴，通过滑动隔墙将公、私领域做出划分，并结合电视墙最小化，以旋转电视柱取代，玻璃滑门底下亦设置卷帘，让空间弹性大幅度展开、抑或是独立私密，而在此通透框架下，配置深蓝、黑灰主色调，实现屋主对家希冀的独特性。

木皮、抱枕彩度烘托出温暖氛围

利用客厅后方的墙面与空间，打造收纳区、开放式书房，底墙刷饰仿清水模涂料，与一旁的深蓝漆色产生层次，黑色柜体内特意融入些许木皮，加上前端抱枕软装的彩度，缓和以深蓝色、黑灰色为主的冷调框架。

统整线条、色彩创造整体感

开放式厨房的黑灰色基调，以材质差异性呈现不同的视觉效果，例如，地砖选搭黑白对比的几何瓷砖，线条感与卫浴砖材保有联结与整体性，如水泥纹理的系统面板亦呼应灰色主色，而融合墙面与柜体的走道立面，则特意使用油性喷漆处理，避免刷漆与喷漆造成些许色差。

深蓝色铺底衬以黑阶，框出卧榻功能

房子位于高楼层，拥有得天独厚的一望无际的景观，舍弃实墙以玻璃滑门规划整体空间，光线更充足，空间更舒适。窗景墙面则刷饰深蓝色漆，主卧内凹的卧榻区换上黑色阶带出立体层次，美耐板材质更为实用，也无须担心脏污问题。

灰墙勾勒三角线条与砖材相互呼应

　　针对目前仅有夫妻俩的生活状态，将格局缩减至两室，主卧后方的局部卫浴隔墙，搭配仿清水模涂料以呼应空间主色调，同时撷取瓷砖上的几何图腾做出三角线条勾勒，让空间彼此对话，更具整体性。

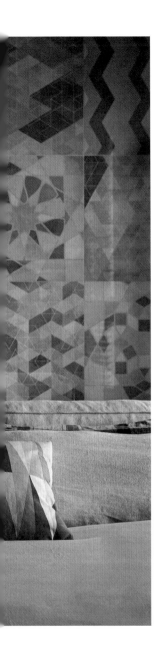

几何图腾砖材凸显通透卫浴特色

　　主卧卫浴同样选用玻璃滑门隔间，维系空间的开放与通透感，浴缸主墙选搭融合深蓝色、黑色、灰色三色构成的鲜明几何图腾瓷砖铺饰，与前景玻璃、仿水泥墙面打造出层次并创造视觉焦点。亦可定制古铜色与黑色的双色镀钛处理层架，提升精致质感之余，又兼具实用的收纳功能。

Dulux 50BG 38/011 灰
Dulux 30BB 83/018 白

不减生活温度的
冷调灰色宅

文｜王玉瑶　空间设计暨图片提供｜璞沃空间

　　二十几年的长形老屋，有着老房子常见的宽幅不够、采光不足等问题，然而仔细研究这看似难解的屋况，最主要的原因就是因为宽幅不足，导致隔间方式容易形成长廊浪费空间，而层层隔间墙更阻挡了光源，导致光线无法有效进入空间深处。了解了问题根本，设计师首先针对隔间方式做调整，跳脱过去惯用的隔间方式，将使用空间规划在中间，两侧则留出走道形成环状动线，如此一来可使空气自由地在空间里流动，而来自前后的光源，也能顺利被导引至室内深处，解决采光不足问题。

　　既然采光问题已经解决，而且由于增设户外廊道的关系，室内受光面增加，色彩计划便不需再依循过往习惯，使用大量的白，因此除了天花板采用白色，两侧动线走道墙面选用的是后退色冷色调的灰色，借此与水泥粉光地板连成一体，减少分界线条，维持视觉上的简洁利落感，同时利用冷暖反差感，与白色天花板形成导引光线由上而下的效果，凸显出中间主要活动区域木质地板的温暖质地，为屋主营造出明亮且更具温度的生活空间。

配色重点

1. 以冷色调围塑温润建材并形成对比，凸显、提升温暖感受。
2. 利用白色反射光线效果，让光线从上而下，聚焦主要活动区域。
3. 走道墙面统一为素雅灰色，凸显色彩、强调画作，也为走道增添展示功能。

暖质木地板提升温度 ·········▶

　　在冷色调包围下，主要活动区域地面采用的是触感温润的木地板，巧妙以冷暖材质的差异，丰富空间元素并做出空间界定，而木素材的原始木色，亦可从大量的灰色跳脱，形成空间的主要视觉焦点，同时也提升居家生活的温暖感受。

以鲜艳画作活跃冷调空间

　　屋主有收藏画作的习惯，因此一开始便是以艺廊概念规划走道空间，当画作被一一挂上墙面时，来自作品的色彩便自然为空间点缀上多彩多姿的颜色，而原来素雅的灰墙，就成了可完美衬托出画作精彩的绝佳底色。

绿色植栽制造空间活力

从室内延伸至室外的植栽墙，除了可将里外空间做串联，大面积的绿色也可丰富空间色彩元素，打造跳色效果。而在沉稳理性的都市公寓里，有了整面绿意盎然的绿色植物做点缀，不禁也让人感染了植物自然散发的生命活力。

色彩融合减少线条干扰

过去缺乏功能的走道，在重新规划后除了是行走路线，亦是展示画作的空间。为了减少过多色彩与线条的干扰，墙面的灰色与水泥粉光地面的灰色，因同色系关系让视觉连贯，少了分界线切割，空间线条因而收齐变得利落，空间感也有了放大效果。

善用色彩原理打造舒眠空间

临窗主卧受光面积大，虽然明亮却不利睡眠，挪动床铺与窗户保持距离，减少接收过多光源。前后两面灰墙则因色彩学后退色原理，可改善宽幅不足产生的压迫感问题，另一方面也能有效柔化光线，帮助营造更为舒适的睡眠环境。

● Dulux 37YY 61/867 鲜黄
● Dulux 00NN 62/000 浅灰

鲜黄色柜体争取空间感，
个性小宅也有超大收纳

文｜Celine　空间设计暨图片提供｜谧空间研究室

一般对于用色的概念是，小空间要避免使用过于沉重的颜色，简单的白能达到放大空间的效果。不过，这间仅仅 30 余平方米的半旧房改造，设计师大胆跳脱色彩配置常规，以高彩度颜色搭配黑灰基调，结合材料质感的差异变化，成功创造出个人化风格。走进室内，一抹鲜黄色墙面成为抢眼吸睛的视觉焦点。看似隔间墙，其实是调整格局后，利用双面柜争取空间感、增加收纳功能。左侧门板、柜体上方壁面搭配黑色衬底，打造出层次感，而鲜黄色墙面亦往右延伸整合卧室门，让视觉更有延伸性。有趣的是，相较涂料刷色处理，此处的黑色特别挑选带有纹理的壁纸贴饰，提升细腻质感。

也由于选定将色彩重点放在柜体上，其他墙面、梁，甚至是卧室用色便刻意淡化，舍弃对比过于强烈的白色，而是以浅灰色为定调，以灰色、黑色搭配，呼应男屋主的阳刚特质。至于家具配色，同样以不喧宾夺主的概念，沙发是与地板相近的大地色系，餐桌椅延续与厨具一致的白色调，以精简、主题式用色凸显家的独特性。

配色重点

1. 黑灰为主的背景框架之下，利用鲜黄色柜体创造吸睛视觉焦点，并特意延伸成为门板色，成功扩展空间尺度。
2. 墙面、梁与卧室色系跳脱白色，选择以浅灰色刷饰，与黑色搭配更能展现屋主的阳刚特质。
3. 卫浴空间选搭绿色浴镜，结合黑白几何瓷砖，给人活泼、丰富的视觉感受。

大地色沙发、地坪平衡空间彩度 ················▶

通过旋转电视柱与餐厨产生界定，维系互动，延展空间感。考虑面积不大且有大范围鲜黄色壁面的前提下，地坪、沙发皆用大地色系做搭配，尤其是木地板特别采用斜向拼贴，让空间看似有放大的效果。

清爽舒适的灰白色餐厨

　　将原入口右侧卧室变更为开放式餐厨，使畸零空间获得更好的利用，亦扩增厨房收纳，在拥有临窗且充沛采光的条件下，选用白色系厨具与餐桌椅，墙面与天花板、烤漆玻璃壁面则延续客厅的灰色背景，令空间有所连贯，却又呈现清爽悠闲的氛围。

强烈明暗色彩对比，赋予独特主题

　　玄关入口利用一致的鲜黄色柜体，打造完善的鞋柜收纳空间，同时呼应整个家的色彩主题。柜体侧边贴饰明镜，兼具实用穿衣镜与反射扩大空间的作用，另一侧延续底墙以黑色壁纸铺陈，让黑色、黄色形成抢眼夺目的对比，使小宅极具独特风格。

黑白几何图腾创造轻快活泼感

　　进入卫浴空间，大地色系砖材与木制为基底的框架中，运用黑白几何瓷砖架构出淋浴墙面与地坪，让视觉更为活泼丰富，也给人轻快愉悦的氛围感受。除此之外，设计师也特别细心选搭绿色圆形浴镜，柔化空间线条之余，局部跳色更有丰富层次的效果。

宁静安定的睡寝空间

　　相较于公共厅区的鲜明对比，卧室撷取厅区的灰色做铺陈，加上温润的胡桃木，得以享受宁静的一刻。然而由于面积有限而必须倚墙摆设床架，左侧、床头后壁面则是选搭相近色系壁纸贴饰，若是摩擦也不易产生脏污。

- ● Dulux 70BG 11/257 亮蓝
- ○ Dulux 90GG 66/157 浅蓝
- ● Dulux 00NN 53/000 浅灰

注入奔放艳蓝色和樱草黄色，
打造悠闲度假宅

文｜Eva　空间设计暨图片提供｜奇拓空间设计

屋主本身为插画家，对色彩接受度高，且此住宅是作为度假使用的，希望呈现如同咖啡厅般的宁静氛围。因此，设计师大胆选用餐厅墙面作为空间主视觉，巧妙以木板拼组，覆上亮丽蓝色，展现鲜艳活力的同时，也能感受木纹的鲜明质感。上方则搭配樱草黄色吊灯，黄蓝两色的强烈对比，加上画作点缀，为空间注入缤纷气息。而沿墙增设卧榻，自然流露悠闲氛围，并特意选用不抢眼的黑色餐桌椅，在鲜艳的色彩搭配下更显沉稳。

为了让空间更有开放感，拆除书房隔间，公共区域迎入充足采光。全室天花板和墙面刻意选用浅灰色，在不同时段的光线照射下，展现多种层次，丰富空间。地面采用富有纹理的深色木地板，斜拼铺陈让鲜明木纹延展视觉，同时利用上浅下深配色，拉低重心，营造稳重感。家具色彩呼应餐厅用色，维持视觉一致性。转身进入书房和卧室，同样延续相似色系，运用浅蓝色作为主墙用色，并与浅灰色天花板相衬，低饱和的色系明度相对较低，能稳定空间气息，打造宁静舒适的阅读和卧寝空间。

☆☆☆

配色重点

1. 迎光处的餐厅墙面采用亮蓝色作为吸睛焦点，搭配樱草黄色吊灯，形成强烈对比，并以黑色餐桌椅稳定视觉重心。

2. 全室天花板和墙面以浅灰色铺陈，搭配深色木纹地板拉低重心，使空间更显稳重。

3. 书房和卧室主墙改用浅绿色营造视觉焦点，延续相似色系设计，统一全室视觉，避免产生凌乱感。

高彩度湛蓝主墙，空间吸睛焦点 ·········▶

在迎光处餐厅墙面以木板铺陈，并覆上湛蓝色系，高彩度的饱和质感，让眼睛为之一亮。搭配樱草黄色吊灯，使视觉对比更抢眼，成为空间的瞩目焦点。餐桌椅选用沉稳的黑色安定氛围，避免过多色系而显得杂乱。

注入清新蓝绿色，烘托明亮氛围

开放书房迎入大量采光，搭配低明度蓝绿色，使空间更为明亮清爽。窗边则设置卧榻，注入温暖木色，烘托出宁静氛围，留出一隅悠闲的阅读角落。书桌旁巧妙以格栅适当遮掩视线，一旁行走也不干扰。

浅灰和大地棕色，奠定空间基础

　　拆除客厅后方的隔间，让客厅、餐厅和书房全然畅通。天花板和墙面采用浅灰色铺陈，在大量日光进驻下展现若隐若现的色泽，奠定沉稳基础。地面选用深木色，在蓝色的宁静空间中注入温润气息。

限定用色数量，视觉更和谐

　　为了避免视觉凌乱，整体空间的用色最多三种，因此客厅的沙发、单椅和矮凳采用灰、蓝两色点缀，和谐的配色让视觉达到平衡。一旁的木墙巧妙通过不同深浅的木色拼组，搭配斜拼木纹设计，让墙面更有层次。

延续灰蓝两色，统一视觉

　　主卧床头有大梁横亘，采用斜顶天花板遮掩梁体，创造宛如小木屋的氛围，增添度假气息。天花板和墙面同样选用灰、蓝两色铺陈，统一整体视觉。

09

● Pantone® 152 U 橘
● Pantone 299 U 蓝
　ICI 1501 白

活泼大胆法式用彩，
缀以黑线条勾勒立体感

文｜Celine　空间设计暨图片提供｜水相设计

Pantone: 潘通色彩

90 余平方米的公寓住宅，大胆鲜艳的用色，想法来自于曾于法国留学的服装设计师、造型师身份的年轻女屋主，同时期待老屋改造能带点个性和设计感，于是设计便以服装设计手稿为灵感来源，并撷取时尚插画大师勒内·格鲁瓦（René Gruau）之作，反映法式用彩的活泼大胆。在屋主钟爱的橘蓝色系下，天花板、墙面等大面积空间维持无色系的白色状态，浓郁色调则选择铺陈在廊道展示柜、书房、厨房等各个区域做跳色，特别是书房天地壁，甚至是家具皆为一致的橘色调，辅以立体框架设计，构成空间中抢眼的焦点。

有趣的是，入口墙面接缝、衣柜、卫浴墙面以及圆弧状天花板，注入以不同材质、工法处理的黑线条，则是从法式插画独有的细到宽、宽到细的线条特色转化而来，使空间犹如设计师的笔绘勾勒，展现独特的一面。不仅如此，柜体设计元素亦吸取拆解领结、皮带等服饰纸样线条语汇，抽象化为细节之一；定制餐桌桌脚则有如缝纫机，彻底将服装设计融入空间当中。

☆☆☆

配色重点

1. 大面积天壁维持白色基调，搭配鲜艳浓郁的橘蓝色块，反映法式用彩的活泼大胆。

2. 看似恣意出现于天花板、柜体、瓷砖转角收边的黑色线条，呼应法式插画粗细不一的自然笔触。

3. 客厅衔接用餐区，以柔美流线弧墙分化刚硬的直角，再聚焦于橘色书房的视觉震撼，成为一大视觉端景。

洗练的经典黑白时尚 ·····

法式插画经典的笔触特色，同样运用在公共卫浴空间，在带有手工感的亮白瓷砖的主体下，衬托对比出黑色收边线条，浴镜悬挂亦利用黑铁交织做出结构，如此简约洗练的经典，就有如法国时尚品牌香奈儿（Chanel）的黑白珍珠项链。

虚实透视的隐约美感

玄关入口右侧为满足屋主对书籍、家饰等收纳要求衍生的展示柜体。蓝色的金属网烤漆，辅以内部玻璃与镜面架构的层板与背板，在虚实交错之下，创造出隐约的错视趣味，让看似凌乱的画面反倒形成一种律动画面。

自然石板墙呈现层次质感

将电视墙视为展示柜，沿着 L 形墙面框架出主体，玻璃与铁件构成的展示系统概念，来自于服装设计手稿所拆解而出的语汇，由领结、领带等具象转化为抽象线条，背后更特别选用较具质感的石板墙展现层次关系。

木皮染色、烤漆收边呼应设计主色

回到私密的主卧室，空间基调以白色为主体，缀以撷取自书房、厨房的暖橘色系作为抱枕等软装的配色，而衣柜木皮则特意染成蓝色，结合木制烤漆铜色的线条语汇，呼应设计主题。

暖橘色圈围书房框出立体感

位于开放餐厨一侧的书房，不仅仅是单一墙色的呈现，从天地壁到家具都布满鲜明的橘色，地板、桌面是沃克板材质，天花板和家具则通过涂料与染色、喷漆等处理，创造出空间的独立与视觉焦点。

跳色浴柜为空间注入活泼感 ┈┈┈┈┈┈┈┈┈

　　主卧卫浴选择有天然石纹的立体瓷砖铺饰壁面，打造出复古
氛围，衬以蓝色浴柜打造出高低层次与丰富变化。左右两侧为抽
屉式收纳，中间则因为落水管的关系做成门板开启，让设计同时
兼具实用。

天花板黑线条呼应法式插画笔触

客厅衔接着开放式餐厨，柔美的弧形墙面软化了空间线条，同时将卫浴入口、收纳橱柜予以修饰隐藏，大空间维持白色框架。暖橘色系则点缀于厨具面板上，与书房、客厅彼此相互呼应。天花板转折点更注入黑线条设计，宛如法式插画恣意勾勒的笔触细节。

● Dulux 97GY 07/135 绿
● Dulux 40YY 41/054 灰

中性灰对比原野绿，
描绘开放亲子互动天地

文｜Celine　空间设计暨图片提供｜实适空间设计

典型的半旧公寓，大门右侧是封闭狭小的一字形厨房，三个房间和卫浴产生的走道阴暗无光，因此，如何解决光线与格局配置的问题则是设计的重点。联想到"月薪娇妻"日剧场景，舍弃一房后，打开大门映入眼帘的是宽敞明亮的开放餐厨与客厅，同时通过隔间微调，得以照亮原本阴暗的走道。而整体色彩计划也由此串联公、私区域，特意利用低彩度深灰处理墙面与隐形暗门、天花板，构成有如山洞尽头般的深邃感，并弱化了走道的存在。

以中性色系为主，开放厅区满足亲子互动需求，于结构柱墙面刷饰黑板漆，并延伸成为橱柜、客厅背墙色系，特别选用深绿色调的黑板漆，淡化其功能性，自然地与空间融合。在灰色、绿色基调下，白色与木皮色扮演中介色彩的角色，甚至在厨具吊柜、客厅层架、主卧卫浴加入粉红元素，以及公用卫浴独特的橘色铁件烤漆，来作为局部跳色，创造空间的视觉亮点与层次感。

☆ ☆ ☆

配色重点

1. 入口走道底端墙面、天花统一刷饰灰色，并刻意用深色拉出景深与层次感。

2. 用抢眼的粉红色、橘色作为跳色，给予适当的视觉刺激，使空间更加丰富。

3. 以深绿黑板漆、乳胶漆、喷漆处理柜体和墙面，与灰色形成强烈对比，创造独特个性。

灰色基调框出深邃景深

拆除原本遮挡于入口的隔屏，加上一房隔间的拆除，阴暗走道瞬间提升明亮度。同时特别选用灰色处理墙面、天花板以及暗门，走道的角色被虚化，搭配宛如壁面装饰般的三角造型把手，让人一进门立刻被后方框景所吸引。

古铜金、土耳其蓝家饰画龙点睛

以灰色为主的公共厅区，沙发依循着同色调，土耳其蓝抱枕、古铜金壁灯起了画龙点睛的效果。留白的墙色搭配着些许温润木质家饰，让色彩比例获得适当平衡。沙发侧边延伸一角的灰色墙面，实则为储藏间，同时具有拉宽墙面比例的作用。

深绿色打造出强烈对比焦点

　　舍弃一房得以获得宽敞的"冂"形厨房，右侧利用结构柱深度规划出一整面收纳空间，以满足孩子涂鸦乐趣的黑板漆刷饰柱体，并由此衍生一致色调作为柜体喷漆，运用对比跳色创造空间的层次与独特性。

粉红色点缀柔化空间氛围

　　宽阔的"冂"形厨房，不仅拥有充足的收纳功能，包含家电柜、干货杂粮柜，料理动线也更为流畅。壁面延伸走道以灰色做烤漆玻璃贴饰，定制铁件吊柜则选搭粉红色烤漆处理。厨房台面跳脱传统人造石，改为覆以布纹质感的瓷砖，在冷调灰色之下更有柔化、温暖空间的作用。

异材质跳色营造复古氛围

　　主卧卫浴精简至简单的盥洗、如厕功能，配上黑白几何地砖拼出独特图腾设计。墙面则是运用涂料与瓷砖做出跳色，带点复古风的粉红色与有着手工质感的砖材，创造出小空间的鲜明主题。

用白色削弱大梁的突兀感 ----------------------

深绿墙色自厨房一路延伸，成为客厅主墙的底色，让居室更有连贯性与整体感。木质台面上设置收纳隔板，运用清爽的白色铺陈，大梁也刻意与柜体做出落差，弱化立面与梁的突兀感，除此之外，粉红色喷漆层架也产生活泼氛围的效果。

黑色与橘色创造空间亮点

　　原本狭隘的公共卫浴重新调整，放大空间，干湿分离，并且拥有齐全的四件式设备；小空间地坪选搭黑色六角砖，搭配鲜艳的橘色铁件制造空间亮点，铁件除了是浴帘挂件，也肩负着浴巾、毛巾收纳，甚至干、湿隐性区隔的功能。

Dulux 50BG 32/114 灰蓝
Dulux 30BG 14/248 深蓝

打开隔间，
拥抱蓝白明亮乡村风

文｜Celine　空间设计暨图片提供｜原晨设计

　　屋龄超过 30 年的老房子，承载着屋主一家数十年的回忆，然而居住久了，也逐渐感到空间的不足。"老屋最主要的问题是格局差，厨房设置在角落，没有独立的玄关，室内光线也不甚理想。"设计师分析道。于是，大刀阔斧地重新规划格局，入口开辟一斜角玄关，原来的卧室变成客厅，客厅则成为开放式餐厨，书房以通透门板打造，让人一进门自然将视线落在宽敞的公共区域，空间无形中被放大。由于隔间的挪动，两面开窗能同时引入光线，后阳台的光也能透过玻璃折门一并射入。

　　在色彩选搭上，满足屋主对乡村风格的喜爱，以温暖柔和的中性蓝搭配白色铺陈作为空间主调，蓝色甚至延伸刷饰大梁，自然形成客餐厨的隐性界定。中岛餐桌的立面以及厨房壁面为深蓝色烤漆，创造出深浅不同的立体层次，同时铺设带有青花瓷图腾的相近色系地砖，结合线板、拱门、格窗等元素，一点一滴营造舒适、清新的乡村氛围。

✰✰✰

配色重点

1. 中性蓝色与白色作为空间主色调，局部壁面、家具立面调入较深的蓝色，产生深浅立体层次效果。
2. 横亘于客餐厅上方的大梁刷蓝色漆覆盖，自然融入空间的同时又形成空间隐性分隔。
3. 客厅主墙选用带有纹理的纯白色文化石铺饰，使空间的白拥有不同质感，也成为进门视觉端景。

深浅彩度铺排空间层次感 ·······················▶

　　厨房与客餐厅形成开放形式，中岛吧台兼顾餐桌功能。主基调蓝色漫延至厨房壁面、天花板，重蓝彩度则点缀于烤漆墙面、吧台立面，赋予空间层次感。

白色文化石墙提升质感

　　穿过斜角玄关，首先映入眼帘的是沙发背墙，在蓝白交错的色调下，若仅是以白漆刷饰会过于单调，设计师特别选用带有纹理，且最具乡村风格的文化石贴饰，让进门视觉更为丰富。

复古花砖点出风格主题

　　在屋子入口处拉出斜角玄关，设置鞋柜与穿鞋椅，斜角开口也有放大视觉的效果，将视线自然引导至开放厅区，同时选搭白色为底、缀以蓝色图腾的复古花砖铺设地坪，点出全屋乡村风主题。

局部古典语汇融合乡村风

　　以柔和的蓝白色调和乡村风格居家，结合线板装饰于吧台餐桌立面、柜体、天花板等处，以及餐厨加入的拱门造型设计、书房隔间的玻璃格窗，都注入些许古典元素，提升家居整体精致质感。

通透隔间、隔屏利于光线穿透 ┄┄┄┄┄┄┄┄┄┄┄┄

　　位于公共厅区一侧的是书房和卧室。书房用木制玻璃折门取代隔间，卧室内则选用玻璃隔屏，避免直视睡寝区，也借通透的材质，达到采光要求，打造出老屋明亮的效果。

白色双层书柜清爽无压

中性蓝色由公共厅区延伸至书房，搭配白色线板形成双层书柜，避免视觉过于压迫，同时满足大量藏书需求。最有意义的是，为保留长辈传承下来的缝纫机，设计师将其加工改造为独一无二的实用书桌，让这份情感得以延续。

12

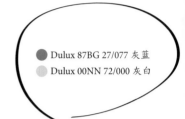

● Dulux 87BG 27/077 灰蓝
● Dulux 00NN 72/000 灰白

注入宁静灰蓝色，
展现清新住宅简约质感

文｜Eva　空间设计暨图片提供｜合砌设计

此案为 60 平方米新房。空间较小，且仅有一对夫妻居住，因此采用开放式格局来扩展视野。屋主偏好蓝色，但考虑到耐看性，刻意采用沉稳的灰蓝色系作为空间主色调，并搭配浅色木质，为空间增添清新质感。为了扩大空间，拆除邻近客厅的实墙，改为木制电视柜，两侧不做满，并透过玻璃拉门，形成回字动线，使行走更为顺畅，采光也能相互打亮空间。在墙面和梁体注入灰蓝色系，勾勒出空间框线，融入沉稳印象。电视墙则采用深灰烤漆延续基调，沙发背墙蓝白相衬，以三角几何造型营造打入聚光灯的视觉效果，充满趣味的设计，让空间更有活力。

灰质空间中特地选用浅色木地板大量铺陈，营造清爽氛围。在明亮采光的照映下，能让空间色彩更为轻盈，彩度低的灰蓝色也不会过于沉重。而开放柜体背板和餐厨柱体以 OSB 板铺陈，让鲜明木纹质地成为瞩目焦点，也为空间增添木质暖意。

☆☆☆

配色重点

1. 整体空间采用带灰的蓝色，有效安定氛围，也更持久耐看。
2. 通过与白墙对比凸显清新质感，特地运用带灰色调的白色，让视觉效果更为统一。
3. 运用浅色木质和 OSB 板，木色和鲜明纹理点缀，融入温暖气息。

鲜明木纹，烘托自然疗愈氛围 ⋯⋯⋯⋯⋯➤

为了让视觉统一，开放柜边框采用浅蓝色勾勒，形成一致的立面设计。柜体背板采用 OSB 板材，拼组的木质纹理带来原始质感，再加上白色隔板的辅助，搭配绿植，整体氛围更为疗愈自然。

以灰色统一全室视觉 ············

　　将屋主喜欢的蓝色加入灰色调，让空间更为宁静沉稳，电视墙则延续相似色系，表面采用灰色烤漆，让视觉更为和谐统一，两侧刻意不做满，改以白色玻璃格门，弱化电视墙的沉重感，接着再辅以浅色地面做铺陈，避免整体空间感觉过于压迫。

蓝白色对比，主卧迎入清新气息

　　灰蓝色调同样延伸至主卧，通过勾勒梁体的色彩，营造一致的氛围；天花板管线和空调皆采用白色系，让视觉更为清新。床头背墙则铺陈鲜明木纹，与户外绿意呼应，迎入自然气息。

勾勒梁体色彩，空间线条更鲜明

　　由于采用偏深色的灰蓝色，为了避免空间过于暗沉，为梁体上色，仿若描边的设计，再搭配轨道灯照明，让空间线条更为鲜明；而沙发背墙则以蓝白相间的手法，同时选用带灰的白色相衬，通过同色阶的搭配，让白色不会显得过于突兀。三角色块的设计如同光线从上往下照射，丰富视觉效果。

● Dulux 20YY 57/060 暖灰
● Dulux 90BG 16/060 灰蓝

暖灰与白的双色刷法，
画出简约摩登居家

文｜Celine　空间设计暨图片提供｜实适空间设计

90 余平方米的新房，由于原始格局还算方正，屋主提出希望以精简装修概念控制预算。因此，除了打通书房隔间，还运用玻璃和铁件材质创造空间的穿透延伸视感。如何通过材质、色彩的连续性处理，与开发商就厨具达成一致，更是设计的关键。选用与厨具色系相近的橡木鞋柜、电器柜以及餐具柜，以弥补收纳的不足。最特别的是，相较常见单一墙色的漆法，在这个家，罕见地使用了两种涂料色彩。以沙发高度、餐具柜为水平基准线，画出暖灰色与白色的双色配置。从公共厅区串联走道，旨在展现出挑高空间的优点，让暖灰在上、腰带以下为白色，看起来较为轻盈利落。

在地板、家具颜色搭配上，则是特别挑选宽版，且色调较深的木地板铺设，相同面积更能彰显气势，撷取墙色、地板色制作的紫色皮革底座沙发，不只丰富空间色彩，还有稳重感。而局部如层架饰以蓝色，亦有营造层次变化的效果。

☆ ☆ ☆

配色重点

1. 灰白双色组合，产生丰富层次与烘托温暖氛围的效果，白色刷饰墙面下半区域，视觉感会更轻盈。

2. 公共厅区、走道运用一致色彩串联，并通过家具与灯具、层架跳色，让空间色彩更丰富。

3. 卧室选用灰蓝色与白色搭配，并更改为灰蓝色刷饰腰带以下墙面，赋予空间稳重宁静的氛围。

鲜艳餐椅选搭活化空间 ⸺⸺⸺⸺▶

在温暖的灰白色、橡木框架下，朴实的水泥吊灯呼应简约氛围，而餐椅则是特别挑选不同颜色打造抢眼的视觉层次效果。灰白双色漆法一路由厅区延展至走道，凸显空间挑高优势。

跳色层架增添生活感

撷取墙色、地板色制作的沙发，紫色底座让空间更显稳重，背墙后方规划层架做出跳色层次，简单摆上家饰品点缀，就形成很有味道的生活角落，临窗面则善用建筑假柱增加收纳功能。

白色烤漆、橡木色柜体淡化压迫感

玄关入口处利用灰色地砖与室内区分做出落尘区。右侧橡木柜体整合规划鞋柜、电器柜，与厨具色系相近创造空间整体感；另一侧的白色烤漆墙面，隐藏了储藏间以及设备柜，清爽的用色可避免产生压迫感。

适当的双色比例延展屋高

　　针对屋主精简装修的需求，设置与原始厨具同色调的收纳板，餐厨区设置同色系餐具柜、吊柜，提升整体质感；双色涂料依循餐柜、沙发高度画出适当比例，延展层高的同时打造出简洁利落的效果。

宽版深木色地板营造大气之姿

　　书房与客厅间的隔墙被拆除，改用玻璃铁件进行分隔，同时用作电视墙，视觉得以延伸，感受宽阔的开放空间设计，辅以宽版、深色木纹的超耐磨地板，让空间更有气势。

灰蓝色漆营造宁静沉静氛围

将公共厅区的双色涂料概念延续到主卧，以屋主喜爱的蓝色为主，发展出灰蓝基调，与厅区不同的是，房内腰带以下改为灰蓝色，白色刷饰上半部，这样视觉上会更加稳重宁静，同时选搭红色椅子、砖红壁灯，创造层次感。

○ Dulux 30GG 52/011 灰
● Dulux 30BB 10/019 黑

以光佐色，
看见自然北欧风的丰富与温度

文｜Fran Cheng　空间设计暨图片提供｜一它设计（i.T Design）

一它设计认为：光，作为一种自然现象，在各种情境下，有着不同的色温，无论清晨、午后、黄昏、夜晚，都有着不同的温度。因此，在这个被命名为"喜光"的住宅中，设计师运用了自然界中最常见的原木、灰阶色调，并且试图将窗外的景色拉进室内，让家也能散发出大自然的舒压能量，进一步疗愈家人的身心。

屋主为双薪家庭，主要成员有夫妻二人和两个小孩，平日因忙碌无法经常陪伴孩子，但仍希望打造出适合孩子成长的明亮空间。在这样的设计前提下，先以开放格局以及加强阳台采光的设计，创造出一个与大自然晨昏一起变化、共同呼吸的居住环境；接着将天花板设计为尖屋顶造型，搭配木材质凸显北欧氛围，同时也将天花板的梁线一并整合修饰。在空间配色上则选择以灰、黑、白三色为墙面主色，其中客厅、餐厅的黑白色主墙具有定位空间与稳定氛围的效果，至于雾灰色墙则成为自然光的最佳画布，让室内上演具有生命力的光影变化。

配色重点

1. 在室内以原木尖屋顶、天蓝色沙发、绿植等，模拟自然环境色彩，在家即可有大自然的舒压体验。
2. 大量引入户外光源，让晨昏不同的光线变化照映在室内灰色、白色墙面上，赋予居室丰富的空间光影变幻。
3. 开放公共区漆上黑色梯形墙面，让客厅、餐厅双区有了定位感，同时给予白色空间更稳定的氛围。

雾灰色电视墙让自然光更柔美有层次

电视墙面选择雾灰色调，相较于一般的白色具有轻微的吸光效果，可使光线更柔和，同时更具层次美感。天花板选用白色加上灯光设计，有拉升墙面的效果，可化解屋高不足的问题；电视墙下方配置原木色调的机柜与收纳设计，可为墙面增加温润质感。

黑白分明的主墙让开放格局更有秩序

为了营造出更明亮宽敞的空间格局，公共区采用全开放设计，并通过主墙上黑白分明的色块来定位出客厅与餐厅双区。黑白墙色与原木色尖屋顶拼接形成几何设计美学，成为自然风居家的最佳背景。

室内绿意与户外蓝天相映成趣

以白色为基调的儿童游戏区，为了能方便置物、收纳，在一旁规划白色的工业风层板架，展现简约感。由于此区可直接见到阳光，因此很适合在此养盆栽植物，搭配户外蓝天，以及地上的人工草皮与灰色系的木地板铺设，在高楼之中也能轻松享有一片专属的自然天地。

暖橘色吊灯，为餐厅洒下美食魔法

　　餐厅区选择大理石桌面，除了提升生活质感，也具有增加光泽感的视觉效果，为处于非采光面的餐厅增加明亮感。而相当吸睛的餐桌橘色吊灯，既能为空间带来造型美，其饱和且温暖的色彩与光线更可为餐桌上的美食佐味，增加用餐的欢愉氛围。

Dulux 30GG 52/011 灰
Dulux 54GG 47/053 绿

优雅灰和大理石相映衬，
让美式住宅更显大气

文｜Eva　空间设计暨图片提供｜天沐设计

屋主偏好清爽的美式风格，再加上这是作为度假使用的居所，有宴客招待的需求，因此全室墙面铺陈灰色奠定风格基础。优雅的中性色泽，是经典美式大宅中常见的色系，再搭配白色线板，灰白映衬门更凸显高雅韵味。从入门玄关即可看到一整面的灰绿色柜体，在全室灰色中给人清新感受，也增添暖意。而客厅地面特地采用灰色磐多魔（panDOMO）地板，云雾般的纹理和墙面相衬，让同色不同材质形成和谐的视觉效果。

灰色电视墙一分为二，局部铺陈大理石，并以镀钛金属修饰边缘，更显轻奢气质；沙发背墙也延续相同做法，墙面下半部分改以白色线板装饰，展现一致的视觉设计。同时搭配灰色古典沙发，并以橘黄色皮椅点缀，亮丽的色系在灰阶空间中成为画龙点睛的焦点。

由于屋主相当好客，因此餐厅配置四人餐桌并增设中岛，扩增座位便于容纳更多人。中岛侧面壁贴覆松木合板，清晰的木纹质感更增一分温润；上方则搭配黄铜吊灯，通过黄金色泽点缀。

配色重点

1. 采用中性冷调的灰色与白色相衬，打造干净清爽的视觉效果。
2. 注入绿色点缀，在灰阶空间中增添清新暖意；而绿色中带点灰色调，则让视觉更为和谐不突兀。
3. 采用同色却不同建材的搭配，通过不同材质纹理让色彩表现更丰富。

灰中添一抹绿，空间更清新 ·····················▶

玄关关乎入门的第一印象，因此地面以银狐大理石铺陈，大气质感不言而喻。柜体采用灰绿色作为主色，降低彩度的色系不仅与灰阶空间相映衬，代表自然的绿意也添入清新暖度，而柜面铺上线板修饰，注入美式元素，立体的雕塑也让空间更有层次。

浅色松木吸引视线，增添暖度

　　为了满足宴客需求，餐厅搭配实木长桌和大型中岛，形成多人聚会中心；中岛侧面巧妙运用松木合板铺贴，鲜明木纹让空间更显自然温润，而规划在厨房入口的贴心安排，让备料出餐动线更为流畅，也能在烹调的同时与亲友互动。

深色盘多魔，稳定空间重心

　　客厅和餐厅采用开放设计，公共区域地面以盘多魔地板串联空间，特地选用深灰质地，与浅灰墙面映衬更显沉稳，上浅下深的配色有效稳定空间重心。而电视墙铺陈银狐大理石，以镀钛修饰边缘，同时选用带有黄铜的桌几和单椅，通过金黄色的运用，添入奢华气息。

灰白相间的完美比例

　　将全室墙面使用的浅灰色延伸至梁体，从而勾勒出空间线条；沙发背墙下方铺陈白色线板，搭配灰色钉扣沙发，经过精准测量的线板高度比沙发略高，完美的视觉比例更添经典美式韵味；中岛台面延续线板元素，但改以银狐大理石做搭配，通过同色不同材质的混搭，展现更为丰富的色彩。

注入木质和灰绿色，营造舒适睡眠环境

　　卧室延续公共区域设计，床头主墙以线板铺陈并延伸至窗边，形成一体成型的视觉效果；桌面则采用大理石材质体现轻奢质感；睡眠区需注重安稳氛围的营造，因此改以人字拼木地板，搭配灰绿色柜体，通过色彩和木质的暖意，让空间更为舒适易眠。

Dulux 10BG 63/097 蓝绿
Dulux 50YR 47/057 粉紫
Dulux 30BG 43/163 蓝绿

清新蓝绿和自然木质相衬，
老屋变身清爽北欧宅

文｜Eva　空间设计暨图片提供｜穆丰空间设计有限公司

此案为 40 年老屋，屋主本身热爱烹调，希望能打破封闭的厨房格局，并使老屋呈现干净清爽的氛围，打造宛如咖啡厅的空间。因此拆除厨房隔间并移位至窗边，改以半墙区隔，让通透采光能深入屋内，烹饪时也能与家人亲密互动。厨房墙面以屋主偏好的藕粉色为主色调，为了让视觉一致，运用同色烤漆玻璃统一空间，地面则铺陈粉蓝色复古砖相呼应，粉嫩配色强调清爽，打造少女也心动的空间。

客厅、餐厅全室净白，墙面柜体巧妙露出浅色木纹，以此温润木质奠定北欧风格基础。半高电视墙刻意居中，并以蓝绿色系做跳色，成为空间视觉焦点。一旁的餐桌与厨房相邻，搭配蓝绿色线板墙，打造咖啡厅般的悠闲氛围。全室统一选用深色木地板稳定空间重心，同时让空间更添自然韵味。卧室微调格局，善用畸零空间增设储藏空间，墙面则沿用相同的蓝绿色系，并以线板铺陈，展现立体沟纹，同时也巧妙隐藏主卫入口和衣柜门板，统一墙面视觉不被切割，有效呈现完整的立面效果。

配色重点

1. 运用蓝绿色作为空间主色，搭配自然木纹，传递清新北欧氛围。
2. 全室天花板、墙面采用白色奠定基础，地面则以深色木地板对应，上浅下深的配色，稳定空间重心。
3. 厨房选用藕粉色和粉蓝色地砖点缀，粉嫩的低饱和配色，打造清新疗愈的情调。

全室净白，蓝绿色电视墙成吸睛焦点

屋主偏好清爽的北欧风，因此公共区域天花板和墙面柜体采用全白设计，搭配木纹点缀，流露自然木色的温润质感。空间中央则以蓝绿色电视墙作为焦点，在全白背景的搭衬下，视觉效果更为突出。

蓝绿色和木质相衬，流露自然气息

　　拆除封闭厨房，改以半墙区隔出餐厨区域。半墙运用蓝绿色线板铺贴，同时也成为餐厅的背景，搭配木质餐桌，营造宛若咖啡厅般的悠闲气氛；通透的设计也能边做饭边照看小孩，增进家人互动。靠墙处另外设置深蓝色单椅，开辟出一个宁静的阅读角落。

深色地面和家具，稳定视觉重心

全白的空间刻意采用深色木地板，利用上浅下深的配色，奠定视觉重心，避免整体空间过于虚浮。同时搭配灰色沙发和地毯，中性色调不干扰视觉，呈现和谐配色，蓝绿色电视墙和缤纷的抱枕则可展现活力，注入北欧的清新气息。

藕色厨房，甜美却不失沉稳

厨房移位至窗边，整体空间以屋主偏好的粉色为主色。使用甜美中带有沉稳感的藕粉色刷饰部分墙面，操作区墙面则采用粉色烤漆玻璃，防污且易清洁，让空间兼具美感和实用。

蓝绿色线板墙，统一立面视觉

微调主卧格局，扩增收纳空间。墙面上半部特地以玻璃窗区隔，降低立面沉重感。卧室门口、主浴和衣柜皆位于同一立面上，为了避免过多门板产生的零碎视觉，运用蓝绿色线板铺陈，打造完整的墙面效果。

Dulux 70RB 83/021 粉白
Dulux 53RB 76/067 粉
Dulux 40RB 43/233 紫
Dulux 30BG 43/163 蓝
Dulux 30GG 72/212 绿

拼组缤纷马卡龙色，
注入少女心的北欧宅

文｜Eva　空间设计暨图片提供｜合砌设计

屋主个性开朗，对空间用色开放，再加上这是 46 平方米的老屋，希望能运用大胆色系让空间为之一亮，使老屋焕发新生命。由于与相邻大楼的间距较近，客厅改为固定窗，加大采光面积，且全室使用大量白色调，让空间更为明亮。客厅主墙则运用红色、蓝色、绿色、紫色和偏白的粉色，形成缤纷视觉，看了就让人心情愉悦。几何色块的拼组让色彩律动更为规律，且降低色彩饱和度，增添清爽质感，即便多色拼接也不显凌乱。维持整体清淡氛围，采用浅色木地板铺陈，散发清新气息。

由于空间较小，餐厅沿墙设置，搭配实木桌椅注入温馨暖度，墙面另外设置内嵌柜格，刷上浅蓝色让白墙丰富不单调，并搭配相同色系吊灯统一视觉。主卧和儿童房延续耀眼缤纷的设计，通过六角和三角几何造型拼接，让马卡龙的粉嫩印象遍布空间，着实成为少女也心生向往的甜美北欧宅。

配色重点

1. 粉红、蓝、紫、绿、白五种色系拼组，采用低饱和度色系，让色彩和谐一致不纷乱。
2. 全室净白凸显缤纷主墙。选用趋近于白色的淡粉白色，作为调和色彩的中介。
3. 厨房和卫浴搭配黑白色系花砖和六角砖，简约配色烘托空间氛围。

浅蓝跳色，营造清爽氛围

空间采用趋近于白色的粉红色铺陈，大面积涂刷下能淡化粉色，产生全室净白的效果。餐厅墙面则延续粉色系，内嵌层架和吊灯点缀浅蓝色，形成清新自然的视觉印象。另外搭配实木桌椅，让全白空间更添沉静韵味。

黑白花砖，奠定沉稳基础

公共空间采用多种浅色系搭配，为了不干扰视觉，卫浴以黑白色系花砖做铺陈，通过复古花纹带来视觉变化，再以色彩上的黑白对比，稳定空间重心，带来沉稳气息。

多色拼组，空间更显缤纷

客厅主墙运用粉红色、蓝色、绿色、紫色和白色拼组，让空间更缤纷，充满活力，且为了更精准配色，经电脑模拟后再于现场操作，提高成功率，接着再辅以浅色木地板，并延续与墙面相同的低彩度木色，完美营造空间淡雅清爽氛围。

几何色彩，卧室不单调

主卧沿用公共空间色调，以六角造型拼出缤纷、具律动感的视觉组合，让床头墙面更为丰富有趣；儿童房则沿墙角拉出对称的三角造型，营造帐篷般的设计，仿若在幽暗灯光下置身于秘密基地。清爽的蓝色让空间自然散发一股干净简约的气息。

Dulux 20YY 46/515 暖黄
Dulux 90GG 42/171 蓝灰
Dulux 00NN 13/000 黑灰

局部鲜艳色彩，
点亮黑白灰简约现代空间

文｜王玉瑶　空间设计暨图片提供｜IIMOSTUDIO 壹某设计事务所

年久失修的老屋，除了需要全面重新整修外，原始空间风格也与屋主喜欢的居家空间有一定落差，因此除了格局与结构有待变更、整修外，营造出理想的居家风格，也一并由设计师来全面规划。为了收整原来凌乱的空间线条，首先将梁、柱进行整合，利用柜体与梁柱进行结合，巧妙地将梁柱收藏起来，有效减少线条干扰视觉，塑造更为利落、清爽的空间，与此同时还能满足生活中的收纳需求。线条收干净之后，接着使用无彩色的黑色、白色、灰色铺陈，奠定简约基调。

以黑、白、灰为主色的空间容易显得太过冰冷，缺少家的温度，因此在梯间涂刷灰蓝色，以大面灰阶用色为空间增色，同时也能和谐地与主色调共融。另外，柜体、家具家饰、画作，大胆选用橘色、绿色、黄色、紫色等鲜艳色彩的单品，利用局部用色，来丰富视觉变化，也让空间更有活力朝气，最后再辅以大量木质元素，注入居家最需要的生活暖度。

☆☆☆

配色重点

1. 以黑、白、灰三色作为空间主色调，以无彩色系与精简用色，塑造简洁现代空间。

2. 鲜艳色彩皆以家具、家饰做表现，小面积使用可成为吸睛亮点，同时也不会因颜色过多而扰乱画面。

3. 利用材质差异性，来为黑色增添视觉层次，化解单一颜色因缺少变化，而沦于太过单调的问题。

善用材质特性化解纯黑色产生的压迫感 ┈┈┈▶

打破电视主墙的常见设计，以两个高柜与一扇门板，打造一个极具气势的完整墙立面。虽然巨大的黑色墙面过于沉重，但门板的黑玻反射特质，与镂空柜体的穿透感，可有效延展视觉，减少迎面而来的压迫感。同时在黑色柜体局部点缀鲜亮的黄色，来活化严肃的黑色氛围。

以灰蓝色垂直贯穿、导引私人区域动线

单纯过道功能的梯间，以灰蓝色涂刷加以美化、修饰，并将灰阶用色，漫延至梯间的天地壁，甚至是二楼的墙面、门板，借色彩的连续性，让视觉与感受不中断。位于二楼的挑高柜墙，撷取灰蓝色里的灰色，虽然灰蓝色做出空间分界，但相近的用色可制造和谐视觉，避免过渡到另一个色彩时感觉太过突兀。

暖黄色调为餐厨空间注入温度

用餐空间不宜使用过于浓厚的冷色调，在维持空间配色统一的原则下，改以大量木质元素营造用餐的愉悦、温馨氛围，另外再以木质单椅的紫色，与延续柜墙的黄色，来增添活跃气息。至于沉重的黑色主调，则以黑色地砖铺陈，呼应用色原则，打造稳定的空间效果。

利用材质差异堆叠层次

需要宁静、安稳睡眠氛围的主卧，仍维持公共区域用色。在床头的灰色墙面上，叠加一个黑色床头板，材质上下各自为雾面烤漆与黑玻，当光影投射在床头板表面时，便可通过不同质感制造出不同的光影效果，为素雅用色的空间增添更有趣的视觉变化。

借光线投射打造完美黑色卫浴空间

原本的主卧卫浴空间相当狭小，为了扩大卫浴空间，又想维持空间宽阔感，设计师打造了一个黑色空间，将完整的卫浴功能统统收在里面，上端辅以镂空线条，并将灯源藏在凹槽里，当打开灯光线向天花板投射时，就能让人打消黑色空间过重的疑虑。

● *Dulux 00NN53/000* 浅灰
● *Dulux 00NN25/000* 浅灰
● *Dulux 00NN25/000* 铁灰
● 虹牌 *A711* 黑板漆

利用沉稳灰阶
融合中西不同风格

文｜王玉瑶　空间设计暨图片提供｜知域设计 NorWe

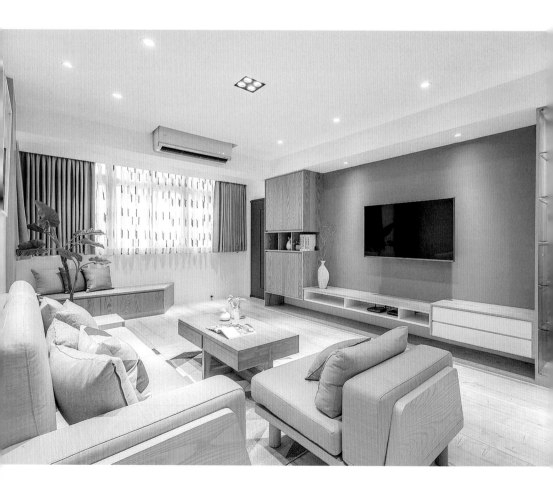

屋主夫妻俩，一个喜欢中式风，一个偏好北欧风，为了满足两种截然不同的风格需求，设计师在装修过程中将重点放在空间漆色与木素材的选用与搭配上，希望在原始空间条件下，利用颜色与建材质感，巧妙地将两种风格元素进行融合。

在选择漆色时，挑选理性且介于灰阶的灰色，不但打造出让人感到平静的沉稳效果，还借此塑造出知性、宁静的北欧空间印象。不过考虑到灰阶色调不宜使用过多，因此漆色刷饰面积仅限于空间视觉焦点的两面主墙，其余天花与部分墙面则维持白色，利用两色混搭制造视觉层次，提升空间明亮、轻盈感。

规划出基本的北欧风空间轮廓后，将女主人喜爱的中式风元素表现在家具上，除了具备风格设计元素，也采用稳重的家具款式。挑选家具材质时选用摆在北欧风空间也不显突兀的木素材，但在挑选木色时，选择较深且纹理鲜明的木材种类，以凸显家具风格元素，也强调中国风给人的稳重感。

配色重点

1. 采用灰阶色系，借稳重色调，将两种不同风格自然融合且不显突兀。
2. 利用灰色的不同深浅做变化，延续风格一致性，也减少颜色过多造成视觉凌乱。
3. 白色与灰阶色调以适当比例做搭配，制造视觉层次，也可提亮空间。

加入白色更显清新活力 ⋯⋯⋯⋯⋯⋯⋯⋯▶

白色是北欧风的经典元素之一，因此进行色彩计划时，除了主视觉的灰色，天花板以及其余墙面则采用了白色。一方面呼应空间风格，另一方面当视觉从灰色过渡到白色时，可产生舒适且不会过于突兀的视觉效果，而与此同时又可通过两色的相互搭配，创造比单一色系更为丰富的空间感。

宁静主色有助安稳睡眠

女屋主喜欢灰色，希望将灰色运用在主卧，但为了不影响主卧放松、无压的空间氛围，挑选颜色时，选用了比公共区域颜色更深的铁灰色作为主卧主墙颜色。在满足屋主喜好之余，也能利用深色具沉淀、放松情绪的特质，打造有助于入睡的空间环境。

深浅混用制造丰富视觉

　　灰阶色系虽能增添沉稳、宁静感，但应用过多容易让空间缺少活力，因此对沙发背墙，设计师选择使用比电视墙更浅几个色阶的灰色，借此形成空间明亮的第一印象，电视墙则维持原来选用的灰色，如此也能做到转换、丰富视觉层次，同时稳定空间的目的。

借粉嫩色系软化冰冷的白色调

　　理应让人心情稳定的书房，选用了白色做铺陈，并以具温润质感的木素材做搭配，增添视感与触感的暖意。不过全室的白色与木色，仍略显单调、冰冷，因此为书墙的墙面选用粉嫩漆色。虽说墙面因书架而被分割成有如书架背板的小色块，但意外平添视觉趣味，且仍不失提升空间温度的目的。

好搭不出错的粉色系

　　不同于主卧充满主人个人特色与喜好，次卧可能是客房或儿童房，因此在色系选用上，选择接受度较高的粉色系。作为次卧主视觉，由于粉色系本来就具有柔化空间的效果，因此自然可营造出舒适又清新的空间氛围，让人一进到这个空间，便能自然而然地放松心情，并安心入眠。

- Dulux A986F 1501 白
- Dulux 30YY46/036 灰
- Dulux 90BG 38/185 深蓝
- Dulux 60YR 75/075 粉

白、蓝、绿、灰四色共舞，居家吹拂北欧清风

文｜黄珮瑜　空间设计暨图片提供｜寓子空间设计

本案例属于屋型偏长的住宅，翻修前因四房格局造成采光仅能从前阳台进入，偌大的公共区却没有理想的餐厅位置。此外，主结构梁、柱体皆十分明显，无形中也增加了视觉压迫。考虑家庭成员人口数后，将最靠近厨房的卧室隔墙拆除。一来可将后方采光援引入内，达到延展景深与放大空间的目的，二来也争取到独立的餐厅空间。此外，通过建构谷仓门柜截短过于冗长的电视墙动线，也顺势隐藏了冰箱。造型端景不但增添了活泼感，也消弭了结构压迫的不适，使公共区印象变得利落又明快。

公共区色彩以白色作为主要背景，达到提亮与放大空间的效果。通过家具、软装与墙色，将灰、蓝、绿三种色彩散布于空间；借由冷色系与中性色的结合，带入大自然的想象，搭配些许高彩度的黄色做跳色，让画面清爽却不冷清。主卧因床尾衣柜分割线条多，以素面带咖啡色的灰墙平衡视觉；两间儿童房则以数种色彩，搭配三角、圆弧等线条增添变化，也凸显小主人的专属性。

配色重点

1. 公共空间以白色为主要背景营造北欧清爽氛围，并借由绿色、蓝色、灰色做跳色，将天空、湖泊等自然意象融入住家。
2. 男孩房以蓝色、黄色对比斜向切割，除了更显朝气，也将三角帐篷的趣味融入其中。
3. 女孩房以粉色、紫色、橘色做圆弧堆叠增加柔美感，营造小公主般的梦幻气质。

灰墙对比格纹柜，素面减少凌乱感

衣柜门板以黑色铁件切分成 3 大片，门板上又分成许多 60 厘米 ×60 厘米的小方格，借此塑造完整的墙面造型。考虑到床尾分割线条多，床头以带咖啡色的素面灰墙来减少凌乱感，遮光帘及卧榻软垫采用灰色系，既可呼应墙色，也借由灰阶的低调让休息空间更舒适。

異材质三色墙激发联想，营造清凉感

　　餐厅区以磁性漆结合黑板壁纸及双色涂料共构成为焦点，深蓝色黑板壁纸因色彩具有收敛感故以较大面积铺陈，此处也兼具书写、张贴功能，灰色涂料担任中介，让视觉感更平衡，灰绿色涂料延展至侧墙，则带来流动想象。

客厅区以灰色、蓝色、绿色点出空间主题色

电视主墙选用的装修材料是具有水泥质感、防水、透气的乐土,带来朴拙的自然感。灰色沙发除了呼应主墙色调,也具有镇定视觉的作用;蓝色单椅与灰绿色地毯搭配,令视觉瞬间降温,局部点缀彩度较高的黄抱枕、黄桌脚,借色彩对比激发空间生气。

谷仓门截短冗长电视墙,凝聚视觉焦点

电视墙水平往右新增一段约 80 厘米的木制墙,再制作一个谷仓门柜。此举既可截短过于冗长的电视墙,也替厨房入口处的冰箱找到了藏身之所。假墙与真柜结合的谷仓门,不但有收纳作用,也成为醒目端景,让悠然自在的情调更加凸显。

三角色块增添男孩房彩度变化

男孩房面积虽较女孩房略小,但因使用冷色调的蓝色,有利于扩增空间感,蓝色与黄色的色彩对比提升了朝气感;白、黄、浅蓝、蓝四色,通过斜向色块让卧室更活泼,上浅下深的手法不仅创造视觉平衡,也巧妙地将印第安三角帐篷的趣味融入其中。

以非均质大地色添加温润感，衬托主墙

　　区域内除了用三色墙聚焦，在周边配置上则采用大地色烘托。灰色板材储物柜同原木餐桌通过非均质的色彩表现，添加了温润感。而百叶窗筛落的光影，则让色彩层次变得更有深度。

粉色墙以紫色、橘色弧纹营造柔美气质

　　女孩房以粉、紫、橘三色刷饰墙面带来变化，圆弧线条使空间视觉柔化，堆叠手法则增加律动感。超耐磨地板与柜体木纹让氛围更温润，但因融入了可调光的白色百叶窗，使卧室变得明亮清爽，不会给人过于甜腻的感觉。

Dulux 70BG 56/061 浅蓝
Dulux 90YR 48/062 军绿

天空蓝配鹅黄色，
打造疗愈系乡村风

文 | Celine　空间设计暨图片提供 | 原晨设计

　　此案为 100 平方米的新房。屋主夫妇俩为繁忙的上班族，通过网络看到原晨设计的乡村风格，决定请设计团队为其规划新家。虽然喜爱的是乡村风，不过俩人也有一些自己的想法：不要太缤纷，色调要耐看，向往温暖自然的氛围。

　　由于三室两厅的格局还算方正，因此格局上并未做任何改动。公共厅区采用大面积的天空蓝色调，由玄关一路漫延至客厅、餐厅，避免过重的颜色造成沉闷与压迫之感，搭配适当比例的白色木百叶，白色与玻璃构成通透的门板设计，调和出自然清爽的悠闲步调。另一方面，设计师也特别选用鹅黄色调的文化石取代白色系，加上家具的柚木钢刷台面、实木餐桌等温润材质的点缀运用，为空间堆砌出温暖的视觉感受。转身进入主卧室，换上以军绿色带一点灰阶的色调铺陈壁面，尤其床头主墙更配上白色壁板，创造出双色立体层次，更借此烘托优雅柔和的暖调乡村氛围。

配色重点

1. 选用柔和淡雅的浅蓝色做主色，表现于墙面与大梁，展现乡村风自然舒压效果。

2. 柜体、线板、踢脚板、门板与木百叶皆以白色处理，与浅蓝色是经典配色，也具有放松疗愈的作用。

3. 舍弃白色改用暖黄色调的文化石铺陈电视墙，有助于平衡空间色彩，并赋予空间温暖感受，不至于过于冷调。

格子玻璃配白色烤漆，清爽明亮 ·······▶

　　餐厅旁墙面延续天空蓝刷色，让整体空间更有连贯与放大效果。踢脚线板以及左侧通往厨房、书房门板则选用白色烤漆，结合透光却不透视的格子玻璃，空间感明亮又温馨。

暖黄色文化石平衡空间温度

从玄关进入室内，转为铺设超耐磨木地板，为了平衡浅色天空蓝与白色较为冷调的氛围，电视主墙不再搭配白色文化石，而是特别选用暖黄色调，让空间温暖柔和。

些许木质基调让空间温暖

在大量天空蓝与白色所铺陈的柜体、线板、门框设计之下，公共厅区搭配铺设超耐磨木地板，以及选搭实木餐桌家具，电视柜台面也衬以柚木钢刷木皮，除了为空间注入一些温暖的感受之外，柚木钢刷木皮也较为耐刮耐磨，兼具实用与美观。

清爽天空蓝让人感到放松

大面积的清爽天空蓝是入门后的第一印象，配上乡村居家风格必备的白色木百叶、白色踢脚板元素，当阳光洒落，让人不自觉地感到放松与舒压，满足夫妻俩对于家的期许。

兼具安定与优雅的配色设计

主卧室墙面刷上带了一点灰阶的军绿色调，同时在主墙设计上加入最具乡村风代表的壁板元素装点，既可以让空间富有层次感，也兼具安定与优雅的效果。最特别的是，设计师利用滑轨门板取代制式电视墙，充分利用户型面积，使用上也更具弹性。

● Dulux 90YY 40/058 绿
● Dulux 10BB 11/126 深蓝
● Dulux 10BB 64/052 浅蓝

化繁为简的
经典英式蓝调

文｜王玉瑶　空间设计暨图片提供｜知域设计 NorWe

原始屋况其实并不需再做装修便可入住，但陈旧的空间风格，与屋主喜爱的英式风格有一定落差，因此屋主决定聘请设计师，重新打造一直以来向往的优雅英式空间。

喜欢英式风格，却不爱传统英式风格的繁复线条，于是在维持风格不变的前提下，选择只留下少量经典元素，如线板与百叶窗，由此打造一个更具年轻活力的轻式英风。呼应简洁利落的风格框架，空间色彩不适合再使用过重的颜色，但尝试采用灰阶色系，却发现这类灰色调北欧感过重，于是在几经讨论、测试后，最终决定以浅蓝色做定调。

空间主色决定后，空间里的家具、家饰等颜色便直接从蓝色做延伸，利用深浅不同的蓝色，堆叠出丰富的视觉层次，由于皆属同一色系，因此不仅不会让人感到凌乱，反而可营造视觉的一致性。以蓝色为主色调的空间，选用百搭经典的白色来做搭配，凸显空间主色，也可营造出清爽感、轻盈感，呼应简化过的轻调英式风。

配色重点

1. 运用同色系的深浅变化，制造更为丰富的视觉层次效果。
2. 借由白色与蓝色的互相搭配，衬托风格元素，同时又能营造更为清新的空间氛围。
3. 运用少量跳色，巧妙做出空间区隔，并制造空间吸睛亮点。

手感砖材营造家的温度

欧式居家空间里，经常看到砖材大量被运用，因为不同于精雕细琢过的石材，砖材厚重又不修边幅，更能展现家的温度，因此设计师在电视墙铺贴文化石，利用砖材的原始肌理，营造随兴、放松的居家氛围，特别选用白色文化石，让石材可自然融入整体空间的色彩搭配。

跳色墙面制造入门惊喜

在以蓝色为主的空间里，却有一面以各种颜色拼贴而成的墙面。虽说是跳脱主色系的鲜艳色彩组合，不过采用英式风格常见的人字拼法，在跳脱常规之余，仍维持在英式风框架之下，因此并不会显得突兀，相反倒成为让人一进门眼睛为之一亮的玄关端景。

蓝白混搭更显清爽利落

呼应空间的浅蓝色调，在采光最好的墙面采用白色百叶窗。虽说是基于配色准则，但大片的百叶窗选用白色，可以减少迎面而来的压迫感，而与墙面的浅蓝色互相搭配，也可营造出清新疗愈的氛围。

可沉淀身心的大地色系

大量的白色虽能有效减缓柜体的沉重感，却也容易让人感到浮躁无法放松。为了营造有助睡眠的氛围，设计师采用具舒缓特质的绿色，以及大地色系营造出宁静氛围，帮助身心沉淀；刻意跳脱蓝色系，则是为了与公共区域明显做出公私空间区隔。

依空间特性调整配色比例

卫浴空间仍延续主空间配色，不过在配色比例上稍做微调，以白色为主、蓝色为辅，并采用尺寸略大的白色瓷砖，以减少零碎线条，达到放大空间的目的。单纯蓝白配色难免略显单调，在地板错落点缀少量蓝色系花砖，为卫浴空间带来更为丰富、有趣的视觉效果。

案例
CASE

23

● Dulux 90BG 14/337 深蓝
● Dulux 70BG 53/164 浅蓝

以高彩度蓝色，
确立英式风格主调

文｜王玉瑶　空间设计暨图片提供｜京彩室内设计

对英国有着向往的屋主，将这样的心情转移到了居家空间，于是聘请设计师来打造心目中的英式风格居家；过程中虽然明确以英式风作为空间主调，但屋主希望可以稍微跳脱一般常见的英式风格，融入更具个性化的设计，让空间与居住者有更深的联结。

色彩能快速地让人联想到某种风格，因此一开始便选定以蓝色来奠定空间主调。不过受空间条件限制，所以彩度偏高的蓝色，除了大面积用在规划为电视柜墙的墙面外，小部分用在吧台立面、隔屏，剩余墙面与天花则保留白色，借此与蓝色适度调和，并达到凸显蓝色的效果。

呼应冷调且理性的蓝色系，地面采用的是能提升空间温度，并为视觉与触觉带来温馨感的木地板。刻意选择偏重的木色搭配高彩度的蓝色，是为了与天花板、墙壁容易让人感到浮躁的色彩取得平衡，借此打造更为稳定且让人可以沉淀思绪的空间感，在满足屋主要求的同时，打造出一个让人可以身心放松的家。

配色重点

1. 空间主色调的蓝色选择以一面墙来表现，其余则小区块使用，借此可将空间做串联。
2. 上浅下深的配色，兼顾到空间不可或缺的鲜明个性与稳定感。
3. 以白色与蓝色做搭配，另外再融入少许的绿色和黑色，丰富色彩元素并做出视觉变化。

白墙与穿透材质利于空间采光 ·······················▶

在一片重色调的空间里，空间末端保留了一面素净的白色墙面，并以穿透材质取代实墙，借此将来自卧室的光线引入空间，并让光线经由高明度的白墙反射，提升空间明亮度，解决末端吧台区缺乏光线的问题。

点缀青春嫩色注入朝气

　　略呈长形的空间里，末端规划为私人区域，形成一个尴尬的畸零空间，于是设计师在此设置至顶柜体并结合吧台，再从吧台延伸出层板桌面，让此区成为一个多功能区域。柜体、吧台与层板呼应地板用色，另外再搭配粉嫩色系吧台椅，为空间注入清新嫩色的元气，也让这里变得有活力。

鲜艳蓝色点出空间风格主调

代表英式风格的鲜艳蓝色，除了电视墙，一路将色彩延续到餐厅柜墙，由此形成一道极具气势的主墙面。不过若全是蓝色，难免太过压抑，因此以书墙做中断，不过框架仍保有蓝色元素，让色彩元素可以延续，维持主墙大气感。

提高用色明度强调清新氛围

将英式风格元素留在公共区域，但将蓝色延续到卧室，只是在这里的用色，需顾及睡眠的舒适性，因此在以白色为主的空间里，选择其中一面墙涂刷浅蓝色，并在抽屉立面，以同样的浅蓝色做跳色，形成较为活泼的视觉效果。

少量跳色制造视觉亮点

颜色用得多不一定就能产生亮眼效果，在一片素净的白色主卧里，色彩元素大量减少，仅利用深色床架与梳妆镜柜来稳定空间重心，另外，在抽屉立面使用草绿色做点缀，使用面积虽小，但却意外成为空间里受注目的一大亮点。

● Dulux 90BG 17/090 蓝
◐ Dulux 50GG 40/064 蓝绿
● Dulux 10YR 28/072 深棕
◐ Dulux 30YR 49/097 浅棕

以蓝、绿、棕三色，
塑造活泼优雅的欧风居家

文｜王玉瑶　空间设计暨图片提供｜晟角制作设计有限公司

独栋的十几年老房，每层楼空间不大，于是根据屋况重新整修之后，针对空间属性，将空间划分在不同楼层，借此避免全在一层的拥塞窘境，同时也可区隔出公、私区域。招待客人用的客厅规划在楼上，并以白色为空间做铺陈，空间的暖度则借布沙发、抱枕与木质家具来提升。长形老屋的采光问题，则以开天窗来解决，当光线洒入室内时，白墙的反射效果，可让采光效果加倍。

厨房、餐厅和卧室则被划分在私人区域。私人空间的用色，与公共区域利落的白色不同，这里使用的是屋主喜欢的蓝色。这种蓝色调从立面一路漫延至滑门和柜体。而与之搭配的除了经典的白色之外，也加入少量木质元素，利用高明度的白色与木色，来平衡空间色彩，达到视觉上的和谐，并让木素材发挥温润特质，提升空间温度。至于欧风元素，则从线板、拱形滑门与地面瓷砖等方面来体现，借此经典元素与欧式居家做联结，营造出屋主期待的欧风氛围。

配色重点

☆☆☆

1. 以蓝、白两色区分公私区域，并营造出空间的专属氛围。
2. 利用白色和木质元素与蓝色互搭，避色单一颜色过多而显单调，也借材质特色增添空间温度。
3. 私人区域以蓝色、绿色、棕色作为空间的基础色，所有搭配用色皆从这三色出发。

以重色家具与木地板，稳定空间重心 ··········➤

将白色涂刷于客厅的天花板和墙壁，借此可模糊界线，淡化畸零线条。但白墙过于缺乏稳重感，因此温暖的棕色沙发、黑色立灯与带红色调木地板，可成功稳定空间重心。最后再利用抱枕为空间添入少量色彩，达到活泼视觉、丰富空间元素的目的。

加入少许绿意，营造愉悦的用餐氛围

屋主多喜欢轻食料理，于是顺势将餐厨整合在同一空间。这里的用色，稍微跳脱蓝色，利用绿色与木素材植入自然元素，形成空间自然的主调，并以白色格门与白色柜体适时点缀，为空间带来变化，也营造出清爽、无压的用餐氛围。

美感与功能兼具的蓝色拱门

　　将暂时不会使用的两小房隔墙拆除，整合成多功能室。由于隔墙拆除展现出整面采光优势，因此以玻璃拱形滑门取代一般门板，利用玻璃的穿透效果，将光线引进室内深处加强了采光，而当门关起来时形成完整的蓝色立面，则可强调风格元素，并提升空间视觉美感。

半开放式设计，为封闭格局带来光线

　　来自走道的光源是唯一的采光，因此为了增加卧室采光，减少封闭感，隔墙不做满，留下两个入口确保行走路线的顺畅，也可接引来自采光面的光线。隐私部分在不影响采光的前提下，以两道玻璃格门做加强，虽说清玻无法隔绝视线，但能适时阻隔噪声，帮助一夜好眠。

以深色调营造稳重质感空间

　　蓝色是屋主喜欢的颜色，于是以蓝色地铁砖将个人喜好融进卫浴。由于位于房子末端，拥有绝佳采光，也保有隐私性，因此大胆采用穿透性高的玻璃滑门，当光线洒落到空间每一处时，偏重的蓝色因此凸显其稳重特质，进而提升空间质感。

● Dulux 00NN 07/000 灰黑

以色彩统合风格元素，
塑造精致个性居家

文｜王玉瑶　空间设计暨图片提供｜京彩室内设计

工业风多半呈现比较随兴、粗犷的空间感，但对女屋主来说太过阳刚，纯粹的美式风格，又无法凸显个性。面对两种差异极大的居家风格，设计师的解决方法是，从中撷取相通的风格元素，来为屋主打造出粗犷中却不失精致感的居家空间。为了自然融入属于沉稳、宁静的美式风格，首先将工业风元素做收敛，弱化过于强烈的风格印象，只简单地以厚重的灰黑色调，以及少量铁件元素，来衬托空间里的工业风。而美式风格里不可少的经典元素——线板，则少量并重点应用在空间主视觉的沙发背墙上，刻意涂刷上厚重的灰黑色，借此展现优雅、稳重感，同时也注入一点个性。

有了灰黑色来稳定空间重心，接下来以高明度的浅色系来平衡空间色彩。剩余墙面选用米黄色壁纸做铺贴，米黄色有稳定情绪的效果，同时也是美式居家经典用色之一。工业风元素则由带有黄色调的文化石墙来表现，色彩上与壁纸完美呼应，并借此共构出温馨且精致的居家氛围。

配色重点

1. 利用浓重色彩强调风格元素、稳定空间重心，并凝聚视觉制造空间吸睛亮点。

2. 白色与灰黑色对比鲜明，因此选用差异性较小的米黄色铺陈空间，缓和空间色彩的对立。

3. 私人区域着重于改善狭隘感，因此采用中性色系柔化空间，淡化原来的空间条件，并适当做出放大效果。

深浅差异聚焦深色墙面

不希望直接定调为美式风居家，因此只保留线板这个经典元素，并将之规划在沙发背墙上。一反常用的白色，刻意使用浓厚的灰黑冷色调，借此与周边墙色形成深浅对比，达到强调风格元素的目的，同时也能聚集视线使其成为空间视觉重心。

借中性藕色调节主卧基调

主卧空间稍显不足，为了提升空间开阔感，在色彩上选用属中性色调的藕色，既可化解空间不足产生的狭隘感，亦可发挥中性色的沉稳特质，营造睡寝空间的宁静氛围。而一路延续至主卧的浓烈灰黑色调，借由藕色加以平衡，可有效避免深色柜墙带来的压迫感。

加入浅色家具平衡色彩比例

沙发选用带有个性的黑色皮沙发，利用色彩的少许差异，与沙发背墙线板形成视觉与风格上的连贯。而过于浓重的用色，适时以浅色抱枕、白色立灯与白色茶几做调配，其中抱枕的毛料与布面材质，更可以稍稍为偏冷色调的空间带来暖意。

明亮暖色营造温馨的用餐氛围

米黄色壁纸一路铺贴至私人区域与餐厅墙面，餐厅位置恰好位于被三面米黄色墙面圈围住的中间，因此米黄色的温暖调性在此得以完全发挥。另外来自木质家具、挂画的黑色元素与门框门板的白色，化解单一用色的单调，让温馨的用餐空间更显活力。

粗犷手感的石材更添空间温度

从玄关进来的第一印象，就是从电视墙一路铺贴至玄关的文化石墙，在预告空间风格之余，呼应空间用色原则，特别选用带黄色调的文化石。如此一来也能与米黄色墙面相呼应，而材质上的差异性，借由色彩完成视觉上的统一。

附录 | 设计师名录

IIMOSTUDIO 壹某设计事务所
02-2200-2190 ｜ iimostudio.design@gmail.com
台北市文山区汀州路四段 140 巷 4 号 1 楼

天沐设计
04-2236-0919 ｜ design@jsd-tw.com
台中市北区益华街 120 巷 1 号

Z 轴空间设计
04-24730-606 ｜ zaxisdesign.ww@gmail.com
台中市南屯区文心南六路 163 号

分寸设计（CMYK studio）
02-2718-5003 ｜ design@cmyk-studio.com
台北市松山区富锦街 8 号 2 楼 -3

一它设计（i.T Design）
03-7356-064 ｜ itdesign0510@gmail.com
苗栗市胜利里 13 邻杨屋 20-1 号

合砌设计
02-2756-6908 ｜ hatch.taipei@gmail.com
台北市松山区塔悠路 292 号 3 楼

十颖设计
02-8661-3291 ｜ wnli.design@gmail.com
台北市兴隆路四段 13 号 1 楼

京彩室内设计
03-3160-358 ｜ jt2233.design@gmail.com
桃园市桃园区民有十三街 10 号 1 楼

上阳室内装修设计有限公司
02-2369-0300 ｜ sunidea.com.tw@gmail.com
台北市大安区罗斯福路二段 101 巷 9 号 1 楼

奇拓室内设计
02-2395-9998 ｜ info@chitorch.com
台北市中正区爱国东路 96 号 3 楼

水相设计
02-2700-5007 ｜ press@waterfrom.com
台北市大安区仁爱路三段 24 巷 1 弄 7 号

采荷设计
0913-631-883 ｜ 02-2311-5549 ｜ 07-236-4529
info@colorlotus-design.com

法兰德室内设计
03-317-1288 ｜ amber3588@gmail.com
桃园市桃园区庄敬路一段 181 巷 13 号

实适空间设计
0958-142-839 ｜ sinsp.design@gmail.com
台北市光复南路 22 巷 44 号

知域设计 NorWe
02-2552-0208 ｜ norwe.service@gmail.com
台北市大同区双连街 53 巷 27 号 1F

润泽明亮设计事务所
02-2764-8729 ｜ liang@liang-design.net
a710829@hotmail.com
台北市松山区延寿街 7 号 1 楼

原晨设计
02-8522-2712 ｜ yuanchendesign@kimo.com
新北市新庄区荣华路二段 77 号 21 楼

璞沃空间
03-4355-999 ｜ rogerr1130@gmail.com
桃园市中坜区四维路 12 号 1 楼

晟角制作设计有限公司
02-2302-3178 ｜ shenga@ga-interior.com
台北市万华区柳州街 84 号 1 楼
www.ga-interior.com

穆丰空间设计有限公司
02-2958-1180 ｜ moodfun.interior@gmail.com
新北市板桥区中山路二段 89 巷 5 号 1 楼

曾建豪建筑师事务所
（PARTIDESIGN & CHT ARCHITECT）
0988-078-972 ｜ partidesignstudio@gmail.com
台北市大安区大安路二段 142 巷 7 号 1 楼

谧空间研究室
02-2753-5889 ｜ stanley@qualia-creative.com.tw
台北市松山区延寿街 402 巷 2 弄 10 号 1 楼

寓子空间设计
02-2834-9717 ｜ service.udesign@gmail.com
台北市士林区磺溪街 55 巷 1 号 1 楼

里心空间设计
02-2341-1722 ｜ rsi2id@gmail.com
台北市中正区杭州南路一段 18 巷 8 号 1 楼

图书在版编目（CIP）数据

室内设计实用配色全书 / 东贩编辑部编著. -- 南京：
江苏凤凰科学技术出版社，2020.1
　ISBN 978-7-5713-0284-9

　Ⅰ．①室… Ⅱ．①东… Ⅲ．①室内装饰设计－配色
Ⅳ．①TU238.23

　中国版本图书馆CIP数据核字（2019）第076856号

江苏省版权局著作权合同登记 图字：10-2019-088号

本书中文简体出版权由台湾东贩股份有限公司授权，经由版客在线文化发展（北京）有限公司代理，同意由天津凤凰空间文化传媒有限公司出版中文简体字版本，非经书面同意，不得以任何形式任意重制、转载。

室内设计实用配色全书

编　　　著	东贩编辑部
项 目 策 划	凤凰空间 / 陈　景
责 任 编 辑	刘屹立　赵　研
特 约 编 辑	陈　景

出 版 发 行	江苏凤凰科学技术出版社
出版社地址	南京市湖南路1号A楼　邮编：210009
出版社网址	http://www.pspress.cn
总 经 销	天津凤凰空间文化传媒有限公司
总经销网址	http://www.ifengspace.cn
印　　　刷	天津图文方嘉印刷有限公司

开　　　本	710mm×1000mm　1/16
印　　　张	12.5
版　　　次	2020年1月第1版
印　　　次	2020年1月第1次印刷

标 准 书 号	ISBN 978-7-5713-0284-9
定　　　价	68.00元

图书如有印装质量问题，可随时向销售部调换（电话：022-87893668）。